成人（网络）教育系列规划教材

CHENGREN (WANGLUO) JIAOYU XILIE GUIHUA JIAOCAI

计算机应用基础

（第二版）

JISUANJI

YINGYONG JICHU

主 编 李自力

西南财经大学出版社
Southwestern University of Finance & Economics Press

成人（网络）教育系列规划教材
编 审 委 员 会

总　序

随着全民终身学习型社会的不断建立和完善，业余成人（网络）学历教育学生对教材的质量要求越来越高。为了进一步提高成人（网络）教育的人才培养质量，帮助学生更好地学习，依据西南财经大学成人（网络）教育人才培养目标、成人学习的特点及规律，西南财经大学成人（网络）教育学院和西南财经大学出版社共同规划，依托学校各专业学院的骨干教师资源，致力于开发适合成人（网络）学历教育学生学习的高质量优秀系列规划教材。

西南财经大学成人（网络）教育学院和西南财经大学出版社按照成人（网络）教育人才培养方案，编写了专科及专升本公共基础课、专业基础课、专业主干课和部分选修课教材，以完善成人（网络）教育教材体系。

由于本系列教材的读者是在职人员，他们具有一定的社会实践经验和理论知识，个性化学习诉求突出，学习针对性强，学习目的明确。因此，本系列教材的编写突出了基础性、职业性、实践性及综合性。教材体系和内容结构具有新颖、实用、简明、易懂等特点；对重点、难点问题的阐述深入浅出、形象直观，对定理和概念的论述简明扼要。

为了编好本套系列规划教材，在学校领导、出版社和其他学院的大力支持下，首先，成立了由学校副校长、博士生导师丁任重教授任主任，成人（网络）教育学院院长唐旭辉研究员和出版社社长、博士生导师冯建教授任副主任，其他部分学院领导参加的编审委员会。在编审委员会的协调、组织下，经过广泛深入的调查研究，制定了我校成人（网络）教育教材建设规划，明确了建设目标，计划用两年时间分期分批建设。其次，为了保证教材的编写质量，在编审委员会的协调下，组织各学院具有丰富成人（网络）教学经验并有教授或副教授职称的教师担任主编，由各书主编组织成立教材编写团队，确定教材编写大纲、实施计划及人员分工等，经编审委员会审核每门教材的编写大纲后再编写。

经过多方的努力，本系列规划教材终于与读者见面了。在此之际，我们对各学院领导的大力支持、各位作者的辛勤劳动以及西南财经大学出版社的鼎力相助表示衷心的感谢！在今后教材的使用过程中，我们将听取各方面的意见，不断修订、完善教材，使之发挥更大的作用。

西南财经大学成人（网络）教育学院

2009 年 6 月

第二版前言

　　计算机应用能力已经成为当今社会人们学习、生活、工作的必备技能。本教材以 IBM PC 微型计算机系统为基础，循序渐进地介绍了"计算机及计算机网络基础知识"、"Windows 操作系统的使用"、"Office 办公软件的使用"、"Internet 应用"、"计算机多媒体技术"、"信息安全"等内容。

　　本教材在第一版的基础上，作了相应的更新和调整，增加了最新的计算机基础知识、理论和实践原理，使学生能紧跟时代的发展，提高计算机应用能力。当然，本教材也是一本计算机基础知识和基本技能方面的入门级教材，紧跟计算机技术和应用前沿，结合经济管理类专业特点，特别适合经管类专业计算机基础课使用。本教材不仅适合作为大学本科、专科学生计算机基础课程的教材，还很适合作为从事经济管理方面工作的普通工作人员自学的参考书籍。

　　本教材第一章由李自力编写，第二、三、七章由王鹏编写，第四章由刘洋洋编写，第五章由周峰编写，第六章第一、二、三、四节由梁浴文编写，第六章第五、六节由李自力编写，第八章由王征编写。全书由李自力总策划。

　　尽管本教材的编写人员付出了辛勤的劳动，力求做到通俗、准确、实用，但由于作者的水平有限，错误之处在所难免。在此，恳请读者提出宝贵意见。

编者

2012 年 5 月 20 日

目 录

第一章　计算机基础知识

第一节　计算机的基本概念

一、什么是计算机

在人类社会的发展过程中，有许多用于辅助计算的工具被发明和应用。计算尺、算盘、机械式的手摇计算器等，都是应用极其广泛的辅助计算工具。

进入 20 世纪，在数学家和工程师们的共同努力下，一种由电子元器件构成的、能够进行数值计算和数据处理的机器被设计并制造出来，这就是电子计算机。电子计算机的核心部件由纯粹的电子线路构成。由于其中不包含传统计算工具中必不可少的机械部分，因而，电子计算机的运算速度是在此之前的辅助计算工具无法比拟的。

电子计算机一出现，便被广泛地应用于科学研究、工程设计、经营管理等诸多方面。进而，电子计算机也以各种各样的形式出现在社会各个角落。今天，人们常说的"计算机"实际上是指通用型的电子数字式计算机系统。

二、计算机的特点和分类

1. 计算机的特点

（1）运算速度快

在计算机核心部件中没有机械运动部件，计算机核心部件的工作仅仅表现为电信号状态的转换。因此，与传统的机械式的辅助计算工具相比，计算机的运算速度能够达到一个非常高的水平。早期的计算机就可以达到每秒 5000 次左右的加法运算的速度，今天的计算机更是能够轻松达到远远高于 1 亿次/秒的运算速度。

（2）存储容量大

很多人说计算机有记忆能力。其实，计算机的这个"记忆能力"是它的存储功能的表现。计算机能够将大量的各种各样的程序代码和数据代码（比如：数值、文字、图形、图像、声音、视频、动画等）保存在它的内部和外部存储器中。打个比方，一个存储容量为 1GB 的优盘能够保存 5 亿个以上的汉字信息。

（3）计算精度高

通过提高计算机的字长，或是编制专门的程序，计算机的数值计算精度可以被大幅度提高。据说，有人曾经通过计算机将圆周率的精度计算到小数点后 1 万位。

（4）具有逻辑判断能力

计算机不仅可以模拟数值计算和数据处理，还能进行逻辑运算和条件判断。比如，计算机能够测算出诸如"3 是否大于 2"、"字符串 abc 和字符串 aaa 是否相等"或者"变量 a 是不是逻辑型变量"等问题。计算机的逻辑判断能力为计算机按程序自动工作打下了基础。

（5）能存储程序并按程序执行

我们可以将解决问题的算法（解决问题的方法和步骤）用计算机程序设计语言描述出来。这种描述的工具就是计算机程序代码。将预先编制好的程序代码和需要被处理的数据代码存入计算机存储器中。当需要的时候，执行程序代码（也就是执行程序），处理数据代码，得到并输出结果数据。这种工作方式是计算机存储程序并按程序执行的表现形式。在这个过程中，不需要人工干预，完全是计算机自动执行。

2．计算机的分类

经过半个多世纪的发展，如今，计算机已出现多种类型。以下是常见的计算机分类依据和分类结果：

（1）按数据编码方式

按信息在计算机中表示的形式和处理方式，计算机可分为数字式计算机和模拟式计算机两大类。在计算机内部，以数字信号方式存储和运算数据的计算机，被称为数字式计算机。在计算机内部，以模拟信号方式存储和运算数据的计算机，被称为模拟式计算机。具备上述二者特性的计算机被称为数字模拟混合式计算机（简称：混合式计算机）。

（2）按计算机规模

这里的计算机规模是指与数字式计算机相关的性能指标、价格（或研发成本）、体积、对运行环境的要求、维护费用和对维护人员的要求等，是一个综合指标。按规模，计算机一般可分为巨型计算机系统、大中型计算机系统、小型计算机系统、微型计算机系统、服务器和工作站系统等。

（3）按用途

某一类型的计算机系统，它是适合在各种各样的场合工作，还是只适合在某一特定的场合工作，这是由该计算机的通用性决定的。按通用性，计算机可分为通用型计算机系统和专用型计算机系统。

通用型计算机系统一般具有较完备的指令系统和外部设备，并具有较高的和各部件之间协调一致的性能指标。因此，通用型计算机系统常常可以应用在各个方面。比如，经常在办公室、教室、网吧等场所摆放的计算机系统就是通用型计算机系统。

专用型计算机系统一般是为某特定工作场所或工作目的而研发的系统。

三、计算机的产生和发展

1．计算机的产生

1946 年，一台被命名为"ENIAC"的电子数字式计算机系统在美国宾夕法尼亚大学被研发出来。这台计算机系统被认为是第一台真正意义上的电子数字式计算机系统。这台计算机系统的硬件系统的核心部件由 10 000 多个电子管和 1000 多个继电器构成。这台占地 170 多平方米，重量达 30 余吨，工作起来耗电上百千瓦的庞然大物，其运算速度为 5000 次/秒。尽管如此，ENIAC 开创了数字式电子计算机进入实际应用的新时代。

2．计算机的发展

（1）第一代计算机

1946—1957 年，由于当时人类还没有发明晶体管，只能用电子管作为主要部件制造计算机。这个时期的计算机被称为第一代计算机。第一代计算机的特点是体积大、重量大、耗电量大、制造成本高、运行维护费用高、性能指标比较低。第一代计算机的运算速度可以达到几千次/秒。

（2）第二代计算机

1958 年，人类发明了晶体管，用晶体管作为主要部件制造计算机。这个时期的计算机被称为第二代计算机。这种情况延续到 1964 年。第二代计算机的各项性能指标都有大幅度提高，同时其价格和运行维护成本大幅降低。第二代计算机的运算速度可以达到几十万次/秒。

（3）第三代计算机

1965 年，集成电路技术出现，计算机的主要部件由集成电路构成。这个时期的计算机被称为第三代计算机。第三代计算机的各项性能指标进一步提高，而价格和运行维护成本进一步降低。第三代计算机的运算速度可以达到 100 万次/秒以上。这个阶段持续到 1970 年。

（4）第四代计算机

随着科学与工程技术的发展，1971 年，大规模和超大规模集成电路制作工艺出现，计算机的主要部件由集成度更高的大规模集成电路构成。这个时期的计算机被称为第四代计算机。第四代计算机除了各项性能指标进一步提高、价格和成本进一步降低外，计算机硬件的小型化和微型化取得了突破性进展。微型计算机就是应用超大规模集成电路的成果。这个阶段持续到今天。

四、计算机的主要应用领域

1．科学计算

计算机科学计算（计算机数值计算）是指借助于计算机的高速计算能力解决计算量非常大的数值计算问题，如解多元线性方程组、求已知函数的定积分等。计算机科学计算被广泛应用于科学研究、工程设计、气象预报等领域。

2．数据处理

计算机数据处理是借助于计算机的大容量数据存储能力，将海量的原始数据存储在计算机系统的外部存储器中，并在此基础上进行诸如数据排序、筛选、分类、统计、转换、传输等数据处理操作，产生新的数据集合（或数据结构），再根据对新的数据集合

（或数据结构）的解读（或分析）得到有用的新信息。人们从得到的新信息中获取新的知识，或者是运用新的信息帮助管理和决策。数据处理是目前计算机应用最为广泛的领域。

3．过程控制

这里的过程是指产品生产制造过程或物体的运动过程。计算机过程控制就是在生产过程和运动过程中实施计算机控制。人们今天看到的自动化生产线、无人驾驶飞机等都是计算机过程控制的产物。

4．计算机辅助

CAD（计算机辅助设计）是最早的计算机辅助模式。利用计算机的高速计算和数据处理能力，利用计算机的大容量数据存储能力，并利用计算机的图形显示器、打印机、绘图仪等外部设备，工程设计人员将工程设计工作搬到计算机上来做。计算机帮助辅助设计人员完成了大量的繁琐的计算、绘图、资料保存和检索等工作。在计算机的辅助之下，工程设计人员将宝贵的时间和精力放在了解决设计难题、提出新的方案、测试设计结果等上面，工程设计工作的创意、质量、效率大为改善。这种设计模式就是计算机辅助设计。

后来，出现了计算机辅助制造、计算机辅助教学、计算机辅助医疗等新的模式。今天，计算机辅助人们从事各种各样的工作已经是一种常见的现象。

5．人工智能

"人工智能"是指利用计算机来模仿人类特有的思维活动（比如学习、理解、决策、适应等）的研究和应用领域。人工智能是计算机的一个"古老"的研究和应用领域，人类对此充满殷切的期望。但到目前为止，这个领域还没有取得突破性进展，计算机系统到今天仍然不能像人一样思考和学习。诸如"机器人"、"专家系统"等只是"人工智能"比较初级的研究和应用成果，但就是这些非常初级的成果，也让我们看到这个领域的无限希望。

6．计算机网络

随着计算机技术和通信技术的飞速发展和深刻融合，一种计算机技术和通信技术结合的产物——计算机网络快速走进了我们的生活。电子邮件、WWW 浏览、远程登录、搜索引擎、BBS 等等，已经成为人们生活的一部分。计算机网络是计算机的一个新兴的、发展异常迅猛的应用领域。

五、计算机系统的构成

一台可供使用的计算机系统通常由硬件和软件两大部分构成（如图 1.1 所示）。

计算机的硬件是指计算机中的看得见（或者应该看得见）、摸得着（或者应该摸得着）、有体积和质量的设备、元器件，如译码电路、键盘鼠标、显示器、线缆接口等。

计算机软件是指附着在计算机硬件上面（或者是指存储在计算机硬件上面）的数据代码、程序代码等，如存储在计算机中的电子表格、从网上下载的网页、在计算机上安装的 Windows 操作系统和 Office 软件、显示在显示器上的一串字符等。

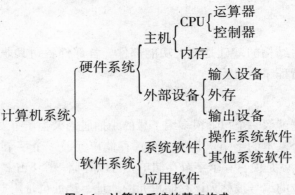

图 1.1　计算机系统的基本构成

六、计算机的发展趋势

今后的计算机会是什么样子呢? 巨型化 (计算机的性能指标越做越高)、微型化 (计算机硬件的体积越做越小)、智能化 (计算机越来越"聪明"、越来越好用)、网络化 (计算机的网络功能越来越强)、异形化 (计算机越来越不像计算机) 等, 都是计算机的发展方向。

第二节　计算机硬件系统

一、冯·诺依曼体系结构

1946 年, 数学家冯·诺依曼提出了存储程序并执行程序的现代数字计算机工作基本原理, 并在此基础上设计出了由运算器、控制器、存储器、输入设备、输出设备五大功能部件构成的电子数字式计算机硬件系统的基本结构。这一结构一直被后来的电子数字式计算机硬件系统的设计者所遵循, 沿用至今。该结构被称为冯·诺依曼体系结构 (如图 1.2 所示)。

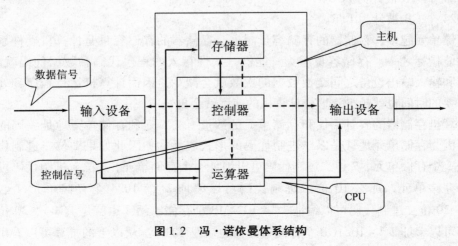

图 1.2　冯·诺依曼体系结构

二、五大功能部件

冯·诺依曼体系结构的基础是五大功能部件。各部件各司其职，又相互配合，实现了存储程序并执行程序的功能。

1. 存储器

计算机的存储器就像一个包含很多编了号的小抽屉的大柜子（如图1.3所示）。每一个抽屉被称为一个基本的字节（B或byte）存储单元，一个字节由8位二进制代码（B或bit）构成。也就是说，一个字节存储单元可以存储一个8位的二进制代码。每一个字节存储单元对应的编号被称为该存储单元的地址，地址也是用二进制代码表示的。

地址编号	内容
0 0 0	0 1 0 0 0 0 0 1
0 0 1	0 1 0 0 0 0 1 0
0 1 0	1 1 0 0 0 0 1 1
0 1 1	0 1 0 0 0 1 0 0
1 0 0	0 1 0 0 0 1 0 1
1 0 1	1 1 0 0 0 1 0 1
1 1 0	1 1 0 0 0 1 1 0
1 1 1	0 1 0 0 0 1 1 1

一个byte

一个bit

图1.3　内存基本结构示意图

存储器的基本功能就是保存代码，将要被运行的程序的指令代码和将要被处理的数据代码必须预先存放在存储器中。执行程序，处理数据会产生中间数据代码和结果数据代码。这些代码也要保存在存储器中。

存储器中字节存储单元的数量被称为存储容量，存储容量以字节（B）为单位：

1024个字节存储单元被计为1KB；

1024个KB被计为1MB；

1024个MB被计为1GB；

1024个GB被计为1TB。

存储单元越多，存储器的存储容量越大。存储器的存储容量是计算机硬件系统的主要性能指标之一。存储容量越大，能够一次性存入的程序代码和数据代码就越多，存储器和输入输出设备之间交换数据的次数就会减少，因而计算机运行程序和处理数据所需要的时间也就越少。这样计算机的速度就会更快一些。

计算机存储器的容量不仅和存储单元的数量有关，还和存储单元地址编码的位数有关。因为存储单元地址是以二进制代码的形式表示的，因此如果1位二进制代码可以编址2个存储单元，2位二进制代码可以编址4个存储单元，3位二进制代码可以编址8个存储单元，那么10位二进制代码可以编址 $2^{10}=1024$ 个存储单元（也就是1MB），20位二进制代码可以编址 $2^{20}=1024MB$ 个存储单元（也就是1GB），30位二进制代码可以编址 $2^{30}=1024GB$ 个存储单元（也就是1TB）。从以上的推算可以看出，计算机存储器的容量取决于两个方面：一方面是存储单元的地址代码的位数，它决定了寻址空间，也就是理论上的存储容量的上限；另一方面是要有足够多的存储单元用于代码的存储。

当今计算机的存储器主要是指内存。而当今计算机的内存主要由数字电子线路构成。由于电子线路的结构和工艺的不同，制造出来的基本字节储存单元的功能也有差异。一类存储单元只能提供数据（这种操作被称为"读"数据），不能改写已保存的数据（这种操作被称为"写"数据）。这种存储单元叫"只读存储单元"，由这种存储单元构成的存储器叫"只读存储器"（简称"ROM"）。另一类存储单元既可以提供数据，又可以改写已保存的数据。这种存储单元叫"随机存储单元"，由这种存储单元构成的存储器叫"随机存储器"（简称"RAM"）。

2. 控制器

计算机使用两种二进制代码，一种是程序代码，另一种是数据代码。数据代码表示数据，程序代码由一条一条的指令代码构成。计算机的硬件系统一旦制造出来，一定会为用户提供一套完整的指令系统。在指令系统中，用户要求计算机做的任何一个操作都会有一条或多条指令相对应。程序实际上就是有选择性的相关指令的代码序列；一条代码规定了计算机应该完成的一个符合用户要求的基本操作，一个指令序列规定了计算机应该完成的一个符合用户需要的能够解决特定问题的方法。这就是对程序概念的基本理解。

控制器的基本功能就是先通过理解程序中指令的含义（这个操作叫"指令译码"），然后产生出完成指令所必需的控制信号序列，控制相关设备协调工作，实现指令功能。因此，控制器是理解程序、控制程序执行的基础。它是五大功能部件中的控制中心。

3. 运算器

数据处理的基础是基本的数据运算，数据运算包括算术运算、逻辑运算、逻辑判断和其他一些特殊运算。计算机中运算器的基本功能就是在控制器给出的控制信号作用下，和其他设备配合，对数据代码进行运算。因此，运算器是一个专门的数据处理场所，运算器的工作速度是计算机速度的核心指标。

4. 输入设备

将信息转换成计算机能够表示、存储、运算的数据代码，并装入计算机系统，这个过程叫数据输入。在计算机硬件系统中，能够承担数据输入任务的设备是输入设备。数据输入是计算机工作的基础，输入设备也就成了计算机硬件系统必需的组成部分。我们熟悉的键盘、鼠标、扫描仪等就是常见的输入设备。

5. 输出设备

计算机中只保存数据。将数据转换成人们能够理解的信息，并展现出来，这个过程叫数据输出。在计算机硬件系统中，能够承担数据输出任务的设备是输出设备。和数据输入一样，数据输出也是计算机工作的基础，输出设备也是计算机硬件系统必需的组成部分。我们熟悉的显示器、打印机等就是常见的输出设备。

三、计算机的基本工作原理

计算机的工作原理概括起来就是一句话：存储程序并执行程序。程序是由一个指令系列构成的。理解计算机的工作原理就是要搞清楚程序执行的过程，而要理解程序执行的过程就是要理解一条指令的执行过程。

一条指令的执行全过程可分成取指令、理解指令、执行指令、准备取下一条指令四个步骤。一条指令的执行是存储器、控制器、运算器等多个部件共同作用的结果。下面是执行指令的各步骤需要完成的具体任务。

1．取指令

构成程序的一条一条的指令代码保存在计算机的内存单元中。假设每一个存储单元保存一条指令，那么构成程序的一串指令将被内存的一串存储单元保存。每一个存储单元都对应一个存储单元编号（也就是存储单元地址）。要执行一个程序，不仅需要将程序代码预先存入内存，还要将构成程序的第一条指令代码的存储单元地址放入控制器的程序计数器中。

取指令操作就是控制器以程序计数器中保存的代码值为内存单元的地址到内存单元中将指令代码读取出来，并将指令代码放入控制器的指令寄存器中暂存。

2．理解指令

计算机给出的指令系统（就是所有指令的集合）中的指令都有一个基本的结构，这个结构称为："指令结构"（如图 1.4 所示）。

操作码	操作数

图 1.4　指令的基本结构

从图 1.4 中可以看出，一条指令由操作码部分和操作数（或地址码）部分构成。操作码用来表示操作的类型和方法（比如：加法运算、逻辑运算、代码传输操作、输入或输出操作等），地址码用来指定参与运算的数据代码是什么类型，在什么地方取数据代码等。一条指令一定有一个操作码，但是可能有一个或多个操作数，甚至没有操作数。

控制器中有一个指令译码电路，该电路的作用就是根据指令的操作码，产生出与指令操作码相对应的一组操作控制信号。根据指令的操作码产生相应的控制信号这个过程称为机器理解指令。

假设指令"10100101"的操作码是"1010"，操作数是"0101"，则该指令的功能是将地址为"0101"的存储空间中的数据代码取出，传送到运算器的 R1 寄存器中。那么，指令的操作码"1010"将被送给指令译码器。通过对"1010"的译码，指令译码器将产生出一组使存储器和运算器协同工作的控制信号，这组控制信号将保证存储器和运算器协作完成数据传送的操作。

3. 执行指令

在由指令译码电路输出的操作控制信号的控制之下，各功能部件之间协调工作，完成与指令操作码相匹配的操作，这一过程称为执行指令。

4. 准备取下一条指令

一条指令执行完了，控制器还需要为取下一条做好准备。根据前面的假设，一条指令用一个存储空间来保存，每个存储空间都对应一个固定的地址代码；而且，存储空间的地址是按顺序编码的，程序的指令代码也是按顺序存放在存储空间中。因此，要取到下一条指令，只需要将控制器中的程序计数器的代码值加 1 即可。所以，所谓"准备取下一条指令"就是按规则修改程序计数器的值。

以上四个步骤叠加起来的效果，就是一条指令被执行的全过程。整个程序的执行就是不断地重复上述四个步骤。

第三节　计算机软件系统

软件是计算机的"灵魂"。一台计算机如果只有硬件部分，而没有安装相应的软件，这种计算机通常被称为"裸机"。对一般用户来讲，"裸机"是不能使用的。只有在计算机硬件系统上按照用户的要求安装了相应的软件系统，计算机才能帮用户做事情。

一、计算机软件的分类

按用途的不同，计算机软件分为系统软件和应用软件两大类。

1. 系统软件

系统软件是为管理和监控计算机系统，使之更安全、更可靠、更高效、界面更友好，为用户更高效、更方便地开发应用软件而研发的软件。一般来讲，计算机系统一定要安装系统软件。系统软件一般包含操作系统、数据库管理系统、程序开发工具、编辑和解释系统、其他支持软件等。

操作系统是一种非常重要、非常特殊的系统软件。操作系统的功能是管理和协调整个计算机系统的软硬件设备，为其他软件构造一个运行的平台。操作系统还提供了计算机系统的基本用户界面。

2. 应用软件

应用软件是专门为用户的具体工作和生活需要而设计、开发的软件。用户有什么需求（只要这种需求是适合计算机辅助的），相应的应用软件就会随之出现。因此，应用软件五花八门、种类繁多，一种应用软件对应一种类型的用户需求。

二、常用的系统软件

1．Windows

Windows 是美国微软公司开发的、主要在 IBM PC 及兼容微型计算机系统上运行的操作系统软件。Windows 有多个版本，如 Windows 95、Windows 98、Windows NT、Windows 2000、Windows XP、Windows 2003、Windows Vista 等。

大部分的 Windows 版本是基于微型计算机系统的个人计算机操作系统，是单用户多任务操作系统，是图形用户界面操作系统，是多媒体操作系统。

2．Unix

Unix 操作系统是目前小型计算机、服务器等应用最普遍的操作系统。不同的计算机制造商（比如 IBM、SUN 等）都有自己的 Unix 版本。

Unix 是一种多用户多任务操作系统。Unix 既是字符界面操作系统，又是图形界面操作系统。目前使用的 Unix 操作系统一般都是网络操作系统。

3．Linux

Linux 的基本功能和 Unix 是一致的，它也是一种操作系统软件。Linux 是可以免费使用的操作系统软件。

4．SQL Server

SQL Server 是微软研发的数据库管理系统。目前广泛使用的 SQL Server 版本有 SQL Server 2000、SQL Server 2005、SQL Server 2008 等。SQL Server 2000 是标准的数据库管理系统，SQL Server 2005 集成了商务智能（BI）功能。

三、常用的应用软件

1．Office

Office 是微软开发的、主要在 IBM PC 及兼容微型计算机系统上运行的集成化的办公自动化软件系统。Office 有多个版本，如 Office 95、Office 98、Office NT、Office 2000、Office XP、Office 2003、Office 2007 等。

Office 包括 Word、Excel、PowerPoint、Access 等应用程序。

2．Auto CAD

Auto CAD 是一款专门为工程设计人员开发的计算机辅助软件系统。使用 Auto CAD，设计人员可以方便地在计算机上进行工程设计，保存并交流设计思想和成果，打印和绘制设计图纸，并将设计与制造结合起来。

3．PhotoShop

PhotoShop 是一款专门为平面设计人员开发的计算机辅助软件系统。PhotoShop 具有基本的绘图功能、对图像素材进行各种制作和效果渲染的功能、多图层编辑和合并功能、细腻的色彩调整功能等。今天我们在大街小巷中看到的各种各样的五彩缤纷的宣传单很多都是用 PhotoShop 或者是类似 PhotoShop 这种工具辅助制作出来的。

4. Flash

Flash 是一款专门为动画效果设计人员开发的计算机辅助软件系统。Flash 是基于矢量图形的交互式二维动画制作软件，还支持动画和声音信息的整合。今天我们在浏览网页时看到的大量动画效果很多都是由这类软件工具辅助制作出来的。

5. 3D Max

3D Max 是一款三维实体建模和动画编辑制作的计算机辅助软件系统。今天，计算机虚拟现实技术已经被广泛应用，其应用的基础是对实体的计算机模拟。3D Max 是非常好的、应用最为普遍的三维建模工具软件。

四、程序语言基础

计算机的核心工作原理就是事先存储程序，并按程序自动执行。因此，程序是用户指挥计算机怎么做的依据。那么，程序是怎么建立起来的呢？程序是由程序语言编写的。所以，程序语言是用户和计算机之间的最基本的接口。

1. 机器语言

计算机硬件系统设计并制造出来以后，用户和计算机之间的最基本的人机接口就产生了，这就是计算机的指令系统。指令系统就是一种程序语言，用户可以用指令系统编写程序。指令系统是"贴在"计算机硬件系统上的语言，因此，又常被称为"机器语言"。

用机器语言编写的程序只能在能够理解本机器语言的同类计算机硬件系统上运行，但由机器语言编写的程序在运行时是不需要翻译和代码转换的。计算机的指令系统由二进制代码表示，由机器语言编写的程序也是二进制代码的形式。

一种类型的计算机硬件系统对应一种机器语言。机器语言被称为"第一代程序语言"。

2. 汇编语言

因为机器语言是一种硬件提供的语言，以二进制代码的形式表示，所以用户学习、掌握、使用机器语言都会觉得很困难、很难适应。能不能将机器语言的指令由二进制代码改成用户熟悉的字符代码呢？

使用机器语言编写一个代码转换程序，这个程序的功能是将字符代码形式转换成二进制代码形式。如果这个程序定义的二进制代码规则符合机器语言指令的规则，那么，这个程序就是一个汇编程序。这个程序规定的字符代码规则就构成了汇编语言。

用户用汇编语言编写的程序，不能直接被计算机硬件系统解释并执行，而必须经汇编程序处理（由汇编程序代码翻译成机器语言代码）后，得到逻辑上等价的机器语言代码，再由计算机硬件系统执行。

这里的汇编语言叫"源语言"，编写的程序叫"源语言程序"（简称"源程序"）。具备将汇编语言源程序翻译成等价的机器语言程序的程序叫"汇编程序"，得到的机器语言程序叫"目标语言程序"（简称"目标程序"），构成"目标程序"的语言叫"目标语言"，这个翻译过程叫"汇编"。

一般来讲，一种类型的计算机硬件系统对应一种汇编语言。汇编过程是一个简单的过程，因此，汇编程序也是一个简单的程序。汇编语言被称为"第二代程序语言"。

3. 高级语言

汇编语言是一种比较"贴近"计算机硬件的语言。尽管汇编语言指令用字符表示，但汇编语言不是脱离某种计算机硬件系统类型的通用语言。能不能将计算机程序语言和计算机硬件系统的类型分离开来呢？当然是可以的。这种语言就是高级语言。

"高级语言"是一种脱离了具体的计算机硬件系统类型的符号语言。这也就是说，用户用掌握的某种高级语言编写的各种各样的程序，可以拿到各种各样的计算机硬件系统上运行。

和汇编语言一样，用户用高级语言编写的程序（高级语言源程序），计算机硬件系统是不能直接执行的。用高级语言编写的源程序必须经编译或解释程序的翻译，得到对应的机器语言代码后，方可被计算机硬件系统执行。

高级语言和计算机硬件系统类型是不对应的，各种类型的计算机硬件系统上分别配置了不同高级语言的编译或解释系统。因此，"编译"或"解释"不是一个简单的过程，编译或解释程序也属于复杂的程序。

第四节　微型计算机系统

一、微处理器的产生

1971 年，随着集成电路制作工艺的出现，计算机硬件系统的小型化步伐开始加快。在接下来的几十年中，进一步提高集成电路芯片的集成度，一直是科学家和工程师们追求的目标。随着大规模和超大规模集成电路工艺的相继出现，集成电路芯片的集成度也不断提高。

终于，一种能够将计算机硬件系统的控制器和运算器集成在一起的芯片问世了，这种芯片被称为"微处理器"（简称 MPU）。它的产生得益于超大规模集成电路工艺的提升，它的出现奠定了微型计算机和笔记本电脑（一种特殊的微型计算机）的基础。

从 1971 年集成电路制作工艺出现至今，不断提高集成电路芯片集成度的努力就一直没有停止过。芯片的集成度越高，集成在芯片中的电子元件的数量就越大，构成芯片的电子线路就可以更复杂，芯片的功能就可以更强。今天，一块集成电路芯片上已经可以集成上千万个基本的电子元件。人们不仅可以将芯片做成微处理器，甚至还可以在一块芯片中集成计算机硬件系统所必需的五大功能部件。这种芯片被称为"单片机"，单片机已经具有了计算机硬件系统的基本功能。

二、微型计算机系统

使用微处理器作为中央处理单元（简称 CPU）构造出来的计算机被称为"微型计算机"。一台使用微处理器构成的计算机硬件系统，如果包含了必要的输入输出设备（比如键盘、鼠标、显示器、打印机等）和必要的软件系统（比如操作系统、系统软件、应用软件等），那么这种计算机系统通常被称为"微型计算机系统"。

三、微型计算机系统的产生和发展

微处理器可以将计算机硬件系统的 CPU 功能集成到一块芯片上，因此，我们可以制造一块专用的印刷电路板作为母板（即微型计算机的主机板，简称"主板"），再把微型计算机硬件系统所必需的输入输出和外部存储器设备连接上去，就组成了一个完整的计算机硬件系统。并且，还可以进一步将主板和微型计算机硬件系统除某些特殊的输入输出设备（比如显示器、键盘、鼠标、打印机、绘图仪等）外的所有设备固定在一个机箱（简称"主机箱"）中。这种微型计算机硬件系统结构一直沿用到今天。

业界公认的微型计算机系统产生于 1971 年。Intel 公司推出的 4004 处理器标志着计算机硬件技术的发展进入了一个新的阶段。1977 年，"苹果"公司推出著名的"Apple Ⅱ"微型计算机。1981 年，IBM 公司推出"IBM PC xt"微型计算机体系结构。微型计算机问世以后，其性能快速提升，计算机字长从开始的 4 位、8 位发展到后来的 16 位、32 位，甚至 64 位。今天的微型计算机系统的性能已经远远超过 20 世纪七八十年代的中型、小型计算机系统。

自 20 世纪 80 年代开始，微型计算机系统的发展进入全盛期。不到 30 年的时间，微型计算机系统已和 Internet 一样遍及世界各个角落。

四、IBM PC 微型计算机硬件

1. IBM PC 的体系结构

IBM PC 的基本结构是用一个总线系统将计算机的各部件连接起来，构成一个计算机硬件系统的整体（如图 1.5 所示）。

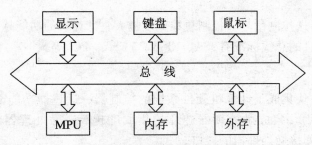

图 1.5 IBM PC 体系结构

2．主机板

IBM PC 微型计算机的主机板是一块印刷电路板（如图 1.6 所示），集成了系统的总线系统、接口、控制电路等。IBM PC 微型计算机硬件系统的各个部件，都可以直接或间接与主板相连接，最终构成完整的硬件系统。

主板固定在一个机箱的内部，这个机箱称为"主机箱"。

图 1.6　IBM PC 主板

3．总线

总线是连接计算机硬件系统各部件、在各部件之间传送信号的公共数据传输系统。

IBM PC 的总线分为三个层次：芯片级总线、系统级总线、通信总线。芯片级总线承担芯片内部部件之间的数据传输任务，系统级总线承担计算机硬件系统内部部件之间的数据传输任务，通信总线承担计算机硬件系统之间的数据传输任务。

图 1.5 所示的总线是系统总线。IBM PC 的总线系统由三部分构成：地址总线、数据总线、控制总线。

地址总线：传输要访问的内存单元、I/O 接口地址代码。地址总线宽度越大，系统的寻址空间就越大。

数据总线：在硬件部件之间传送数据代码。数据总线宽度越大，计算机硬件系统的字长越大。

控制总线：传送控制信号。控制总线宽度越大，计算机的功能越强。

IBM PC 使用过的总线标准有 ISA、EISA、VESA、PCI 等。

4．微处理器

微处理器是一块集成了计算机硬件系统的控制器、运算器功能部件的集成电路芯片（如图 1.7 所示）。集成微处理器芯片的集成度越高，微处理器的功能就越强大。IBM PC 主板上有连接微处理器的接口。

图 1.7　Intel **生产的微处理器**

　　生活中，人们常常将微处理器叫做"CPU"。其实，这是一个不准确的说法。CPU是一个概念，不是一个实物，计算机硬件系统都会有 CPU 这一部分。一台大型的计算机系统，CPU 可能由一个（甚至是几个）机柜构成；一台嵌入式的单片机系统，CPU可能是一块芯片的一部分。微处理器是 CPU 的一种特定形式。

5. 内存

　　IBM PC 微型计算机系统的内存由主板和内存条连接构成。主板的内存插槽和内存的型号要匹配，一块主板可以插接一块、两块或四块内存条，内存的容量由系统性能和内存条容量共同决定。

　　微型计算机上的内存由两部分存储设备构成："ROM"和"RAM"。

　　ROM 是只读存储器的简称。从一个存储设备中取出数据叫"读"，将数据放入存储设备叫"写"。"只读"存储器是指只能读不能写的存储设备。ROM 一般由主板上的ROM 存储芯片构成。

　　RAM 是随机存储器的简称。随机存储器是指既能读、又能写的存储设备。RAM 一般由内存条构成。

　　ROM 和 RAM 是统一组织和管理的，共同构成微型计算机的内存。微型计算机中的不变数据存放在 ROM 中，不会随着关机而消失。变化的数据存放在 RAM 中。没有电能的支持，RAM 中的数据瞬间就会消失。

　　存储容量是微型计算机的主要性能指标之一，一般由字节数（B）表示。常用的计量单位如下：

　　1024B = 1KB

　　1024KB = 1MB

　　1024MB = 1GB

　　1024GB = 1TB

现在的微型计算机的主流内存容量配置一般在 1GB ~ 2GB 之间。

6. IBM PC 的常用外部设备

（1）软盘

软盘是一种磁介质计算机外部存储设备。软盘的特点是：数据可永久保存，盘片和驱动器可以分离，工作速度低，存储容量小。一张 3 寸软盘的存储容量大约是 1.44MB。

（2）硬盘

硬盘也是一种磁介质计算机外部存储设备（如图 1.8 所示）。硬盘的特点是：数据可永久保存，盘片和驱动器封装在一起，工作速度快，存储容量大。现在，微型计算机的主流硬盘容量配置一般是 80GB～160GB 之间。

图 1.8　硬盘

（3）光盘

光盘是一种光介质计算机外部存储设备（如图 1.9 所示）。光盘的特点是：数据可永久保存，盘片和驱动器可以分离，工作速度快，存储容量大。一张 CD 光盘的存储容量大约是 600MB。

图 1.9　光盘

（4）键盘

键盘是用户输入字符信息的输入设备（如图 1.10 所示）。当用户需要向计算机系统输入数值、字符、命令、程序代码等信息时，键盘一定是首选。

图 1.10　普通计算机键盘

（5）鼠标

鼠标是用户操作图形界面必备的输入设备（如图 1.11 所示）。像使用 Windows 操作系统，计算机如果没有配备鼠标这种输入设备是难以想象的。一般的鼠标有"左"、"右"两个按键，移动鼠标定位，操作按键，就是在向系统发命令。

图 1.11　普通计算机鼠标

（6）显示器

显示器是计算机系统显示数值、文本、图形、图像、视频、动画等信息的基本输出设备。根据工作原理，显示器可分为阴极射线管显示器（CRT）（如图 1.12 所示）、液晶显示器（如图 1.13 所示）等类型。构成显示器上图像的最小单位称为像素。显示器能够显示出最多像素的模式被为显示器的分辨率。分辨率越高，显示器能够显示的图像也就越细腻。现在，微型计算机的主流显示器分辨率配置一般在 1024×768 以上。

图 1.12　CRT 显示器

图 1.13　液晶显示器

（7）打印机

显示器上显示的信息是不能保留的。如果需要将输出的结果保留下来，打印机必然是首选的输出设备。打印机可以看成一种纸介质显示器。和显示器一样，分辨率是打印机的关键指标之一。

根据打印方式划分，打印机可分为击打式打印机和非击打式打印机。

根据工作原理划分，打印机可分为针式打印机、喷墨式打印机、激光打印机、热敏打印机等。

第五节 计算机内部的数据表示

一、进位计数制和十进制计数法

1. 进位计数制

进位计数制是人们计数的基本方法。它的优点是用有限的计数符号表示大量的数值，其核心有两个要点：计数符号和位权。

2. 十进制

以十进制计数法为例，10 个计数符号是 0、1、2、3、4、5、6、7、8、9，位权是 10 的 n 次方。

n 是一个整数，它表示某一位十进制数符所处的位置。小数点左边第 1 位数符的位置用 $n=0$ 表示，小数点左边第 2 位数符的位置用 $n=1$ 表示，小数点左边第 3 位数符的位置用 $n=2$ 表示，小数点右边第 1 位数符的位置用 $n=-1$ 表示，小数点左边第 2 位数符的位置用 $n=-2$ 表示，以此类推。

其实，十进制数符的位权为 10 的 n 次方，和十进制数每一位上"逢十进一"的计数规则是一个意思。

3. 八进制

八进制计数法的计数符号是 0、1、2、3、4、5、6、7，位权是 8 的 n 次方，也就是"逢八进一"。

4. 二进制

二进制计数法的计数符号是 0、1，位权是 2 的 n 次方，也就是"逢二进一"。

5. 十六进制

十六进制计数法的计数符号是 0、1、2、3、4、5、6、7、8、9、A、B、C、D、E、F，位权是 16 的 n 次方，也就是"逢十六进一"。

二、八、十、十六进制计数的比较如表 1.1 所示。

表 1.1　二、八、十、十六进制计数的比较

二进制	八进制	十进制	十六进制
0	0	0	0
1	1	1	1
10	2	2	2
11	3	3	3
100	4	4	4
101	5	5	5
110	6	6	6
111	7	7	7
1000	10	8	8
1001	11	9	9
1010	12	10	A
1011	13	11	B
1100	14	12	C
1101	15	13	D
1110	16	14	E
1111	17	15	F
10000	20	16	10
……	……	……	……

二、进制转换问题

同样的一个数值，用十进制表示为 100，用二进制表示为 1100100，用八进制表示为 144。可不可以通过对十进制数（或者是八进制数）进行计算或处理得到等值的二进制数呢？回答是肯定的。下面就来讨论这个问题。

1. 十进制数转换成二进制数

有一个数是"100"，这个数是多少？这个问题是无法回答的。"100"是一个几进制数？这是必须先回答的问题。因此，在讨论进制转换问题时，每一个数都必须明示出是几进制数。比如：$(100)_{10}$ 表示十进制数，$(100)_2$ 表示二进制数，$(100)_8$ 表示八进制数，$(100)_{16}$ 表示十六进制数。

十进制数转换成二进制数的问题分两种情况，对应两种方法。一种是十进制整数转换成二进制整数，另一种是十进制小数转换成二进制小数。

（1）十进制整数转换成二进制整数

十进制整数转换成二进制整数的转换方法是：对十进制整数连续进行除 2 取余数操作，直至商数为 0。将余数反向排列，便得到与被转换十进制整数等值的二进

制数。

例 1.1 $(100)_{10} = ($? $)_2$

解：

$100/2 \Rightarrow 50(0)/2 \Rightarrow 25(0)/2 \Rightarrow 12(1)/2 \Rightarrow 6(0)/2 \Rightarrow 3(0)/2 \Rightarrow 1(1)/2 \Rightarrow 0(1)$

注：括号左边的是商数，括号中间的是余数。

从右到左将括号中的数字排列起来，得到的"1100100"就是等值的二进制数。

所以：$(100)_{10} = (1100100)_2$

（2）十进制小数转换成二进制小数

十进制小数转换成二进制小数的转换方法是：把十进制小数连续乘2，取出并记录整数，直至小数部分为0。将记录的整数正向排列便得到与被转换的十进制小数等值的二进制数。

例 1.2 $(0.625)_{10} = ($? $)_2$

解：

$0.625 \times 2 \Rightarrow 0.25(1) \times 2 \Rightarrow 0.5(0) \times 2 \Rightarrow 0.0(1)$

注：括号中间的是被取出的整数部分，括号左边的是被取走整数部分后的小数部分。

从左到右将括号中的数字排列起来，得到的"101"就是等值二进制数的小数部分。

所以：$(0.625)_{10} = (0.101)_2$

2. 二进制数转换成十进制数

二进制数转换成十进制数的转换方法是：对二进制数（整数部分和小数部分）进行按位展开操作，计算按位展开的值，便得到与被转换的二进制数等值的十进制数。

例 1.3 $(1011.011)_2 = ($? $)_{10}$

解一：

$(1011.011)_2 = 1 \times 2^3 + 0 \times 2^2 + 1 \times 2^1 + 1 \times 2^0 + 0 \times 2^{-1} + 1 \times 2^{-2} + 1 \times 2^{-3} = 8 + 0 + 2 + 1 + 0 + 0.25 + 0.125 = 11.375$

所以：$(1011.011)_2 = (11.375)_{10}$

解二：

$(1011.011)_2 = 8 + 2 + 1 + 0.25 + 0.125 = 11.375$

注：记上"1"位的位权，忽略掉"0"位，求和即可。

所以：$(1011.011)_2 = (11.375)_{10}$

3．二进制数转换成八进制数

二进制数和八进制数之间有一种特殊的关系，这就是二进制数的 3 位和八进制数的 1 位刚好是对应的。当二进制数 3 位的取值达到了最大值（也就是 111）、加 1 就要归 0（也就是 000）时，八进制数的 1 位也处于该位的取值达到了最大值（也就是 7）、加 1 就要归 0 的时候。这种特殊关系，对二进制数转换成八进制数很有帮助。

二进制数转换成八进制数的转换方法是以二进制数的小数点为基准，向左（对整数部分）和向右（对小数部分）按 3 位分组。整数部分的高位不足 3 位，添 0 补足 3 位；小数部分低位不足 3 位，添 0 补足 3 位。依次将被划分出的每组看成一个 3 位的二进制数，并将其转换成一个 1 位的八进制数（比如：001 转换成 1，101 转换成 5，111 转换成 7），转换完成后即可得到与被转换的二进制数等值的八进制数。

例 1.4　$(1011010.1011101)_2 = ($　?　$)_8$

解：

分组：001　　011　　010　.　　101　　110　　100

转换：1　　3　　2　.　　5　　6　　4

所以：$(1011010.1011101)_2 = (132.564)_8$

4．八进制数转换成二进制数

和二进制数转换成八进制数相似，利用二、八进制数之间的特殊关系，按位将八进制数的每一位（包含整数位和小数位）转换成三位的二进制数。将按位转换的结果连接起来即可得到与被转换八进制数等值的二进制数。

例 1.5　$(132.564)_8 = ($　?　$)_2$

解：

按位转换成二进制数：001　　011　　010　.　　101　　110　　100

连接：001011010.101110100

所以：$(132.564)_8 = (1011010.1011101)_2$

5．二进制数转换成十六进制数

和八进制一样，二进制数和十六进制数之间也存在一种特殊的关系，这就是二进制数的 4 位和十六进制数的 1 位是对应的。当二进制数 4 位的取值达到了最大值（也就是 1111）、加 1 就要归 0（也就是 0000）时，十六进制数的 1 位也处于该位的取值达到了最大值（也就是 F）、加 1 就要归 0 的时候。

因此，二进制数转换成十六进制数的转换方法是以二进制数的小数点为基准，向左和向右按 4 位分组。整数部分高位不足 4 位，添 0 补足 4 位；小数部分低位不足 4 位，添 0 补足 4 位。依次将被划分出的每组看成一个 4 位的二进制数，并将其转换成一个 1 位的十六进制数，转换完成后即可得到与被转换的二进制数等值的十六进制数。

例 1.6　$(1011010.1011101)_2 = ($　？　$)_{16}$

解：

分组：0101　1010　.　1011　1010

转换：　5　　A　.　B　　A

所以：$(1011010.1011101)_2 = (5A.BA)_{16}$

6. 十六进制数转换成二进制数

利用二、十六进制数之间的特殊关系，按位将十六进制数的每一位转换成 4 位的二进制数。将转换的结果连接起来即可得到与被转换的十六进制数等值的二进制数。

例 1.7　$(5A.BA)_{16} = ($　？　$)_2$

解：

按位转换成二进制数：0101　1010　.　1011　1010

连接：01011010.10111010

所以：$(5A.BA)_{16} = (1011010.1011101)_2$

7. 十进制数和八、十六进制数之间的转换

如果已知一个数的十进制表示，可以通过将十进制数转换成二进制数后，再将二进制数转换成八进制或十六进制数的方法最终得到八进制或十六进制数。

例 1.8　$(100.625)_{10} = ($　？　$)_8$

解：

根据例 1.1 可知：$(100)_{10} = (1100100)_2$

根据例 1.2 可知：$(0.625)_{10} = (0.101)_2$

所以：$(100.625)_{10} = (1100100.101)_2 = (144.5)_8$

例 1.9　$(100.625)_{10} = ($　？　$)_{16}$

解：

根据例 1.8 可知：$(100.625)_{10} = (1100100.101)_2$

所以：$(100.625)_{10} = (1100100.101)_2 = (64.A)_{16}$

如果已知一个数的八进制或十六进制形式，可以通过将八进制或十六进制数转换成二进制数后，再将二进制数转换成十进制数的方法最终得到十进制数。

例 1.10　$(144.5)_8 = ($　　?　　$)_{10}$

解：

$(144.5)_8 = (01100100.101)_2$

所以：$(144.5)_8 = (01100100.101)_2 = (100.625)_{10}$

例 1.11　$(64.A)_{16} = ($　　?　　$)_{10}$

解：

$(64.A)_{16} = (1100100.1010)_2$

所以：$(64.A)_{16} = (1100100.1010)_2 = (100.625)_{10}$

8．八进制数和十六进制数之间的转换

八进制数和十六进制数之间的转换，用二进制数作为中间表示是很自然的思路。

例 1.12　$(144.5)_8 = ($　　?　　$)_{10}$

解：

$(144.5)_8 = (01100100.101)_2$

所以：$(144.5)_8 = (01100100.101)_2 = (64.A)_{16}$

例 1.13　$(64.A)_{16} = ($　　?　　$)_{10}$

解：

$(64.A)_{16} = (1100100.1010)_2$

所以：$(64.A)_{16} = (1100100.1010)_2 = (144.5)_8$

三、计算机内部的数值表示方法

计算机的核心部件（比如控制器、运算器、内存储器等）是由数字电路构成的，而构成数字电路的基本元件在正常工作时通常有两种稳定状态。因此，在计算机中表示数据代码和指令代码均使用二进制代码。因为，每个二进制代码的一位正好可以对应数字电路基本元件的两种稳定状态。

在计算机中，怎么表示数值呢？首先，数值的表示直接和数值的二进制表示形式相关；其次，在计算机中，用二进制代码的一位表示符号（一般 0 表示正数，1 表示负数）将小数点的位置规定下来。

如果没有符号位，计算机中表示的就是无符号数（也就是只有正数）。

如果小数点的位置被固定了，计算机中表示的数就是定点数。如果小数点的位置是可以移动的，计算机中表示的数就是浮点数。

例 1.14 无符号数（100）$_{10}$在计算机中怎么表示？

解：

假设用 8 位（一个字节）表示和存储这个数。

因为：（100）$_{10}$ = （1100100）$_2$

所以：无符号数（100）$_{10}$在计算机内表示（简称"机器数"）"1100100"。

例 1.15 符号数（-100）$_{10}$的 16 位机器数怎么表示？

解：

16 位的最高位规定为符号位，"0"表示正数，"1"表示负数。

因为：（100）$_{10}$ = （1100100）$_2$

所以：符号数（-100）$_{10}$的 16 位机器数是"10000000 1100100"。

注：符号数（-100）$_{10}$已经超出了 8 位机器数代码的表示范围。

四、计算机内部的字符表示方法

1. 英文字符

如果用 1 位二进制代码表示字符，只能表示 2 个字符（"0"表示一个字符，"1"表示另一个字符）；如果用 2 位二进制代码表示，可以表示 2^2 =4 个字符；如果用 7 位二进制代码表示，可以表示 2^7 =128 个字符；如果用 8 位二进制代码表示，可以表示 2^8 =256 个字符。

英文字符非常有限，因此，表示英文字符需要的二进制代码位数不多。目前通用的英文字符计算机内部表示规则是"ASCII"编码规则。ASCII 规定，一个英文字符用 7 位二进制代码表示。一般在计算机内部用一个字节（8 位二进制代码）保存一个字符的 ASCII 代码，剩下一位作校验位使用（如表 1.2 所示）。

表 1.2 常用字符的 ASCII 代码

字符	ASCII 代码
A	1 000 001
B	1 000 010
C	1 000 011
D	1 000 100
E	1 000 101
F	1 000 110
G	1 000 111
a	1 100 001
b	1 100 010
c	1 100 011

字符	ASCII 代码
d	1 1 0 0 1 0 0
e	1 1 0 0 1 0 1
f	1 1 0 0 1 1 0
g	1 1 0 0 1 1 1
0	0 1 1 0 0 0 0
1	0 1 1 0 0 0 1
2	0 1 1 0 0 1 0
3	0 1 1 0 0 1 1
,	0 1 0 1 1 0 0
.	0 1 0 1 1 1 0
+	0 1 0 1 0 1 1
—	0 1 0 1 1 0 1
CR （回车键）	0 0 0 1 1 0 1
BS （退格键）	0 0 0 1 0 0 0

2. 汉字字符

汉字字符的数量极大（据统计，常用汉字也在 3000 个以上），因此，表示汉字字符需要更多的二进制代码的位数。目前使用的计算机内部汉字编码规则，一般都用 2 个字节（16 位二进制代码）表示一个汉字字符。

1981 年，我国颁布了《中华人民共和国国家标准信息交换用汉字编码》（也就是 GB2312—80 编码）。该编码规定一个汉字用两个 7 位表示，在计算机中用两个字节存储，共包含 6763 个汉字（一级汉字 3755 个，二级汉字 3008 个）。

第二章　Windows 操作系统

第一节　操作系统在计算机系统中的地位

一、操作系统的作用

计算机系统软件包括操作系统、程序语言编译和解释系统、数据库管理系统、应用程序开发工具等。

在各种各样的系统软件中，操作系统有着特别重要的地位，其重要性主要表现在以下几个方面：

1. 操作系统是计算机软件系统安装和运行的基础

一台只包含计算机硬件系统的计算机（常常被称为"裸机"），用户是没法正常使用的，因为软件是计算机系统的"灵魂"。一般的系统软件或应用软件都必须在操作系统的支持下才能正常安装、运行。安装软件时，通常首先安装操作系统（比如Windows、DOS、Unix、Linux 等），然后才能安装其他的系统软件（比如 CSP/AD/AE、DB2、VB、VFP、SQL Server 等）和应用软件（比如 PhotoShop、3D Max、WPS、Office 等）。运行软件时，也必须首先运行操作系统软件；等到操作系统软件运行正常后，才能正常启动其他的系统软件或应用软件。

2. 操作系统的特点展现了计算机系统的整体特点

计算机系统的应用领域不同，用户对其性能的要求也不相同。有些地方，用户要求计算机系统的用户界面要非常的友好（比如办公室、自动取款机、家庭、商场、博物馆等）；有些地方，用户要求计算机系统的数据处理能力要非常的强（比如银行清算中心、信息中心、数据计算中心、工程设计中心等）；而有些地方，用户要求计算机系统要有很好的交互性能（比如软件开发、软件测试、计算机虚拟现实等）。

为了满足用户不同的要求，操作系统的设计、开发者在设计和开发操作系统软件时，便对这些特点进行了充分的考虑。因此，最终提供给用户的操作系统软件产品也会体现出明显的针对性和适应性。也就是说，一个实际的操作系统软件通常不是为适应各种各样的应用场合、用户需求而设计、开发的，而是为适应某一类应用场合、某一些计算机用户的需求而设计、开发的。所以实际的操作系统软件都会表现出各种各样的特征。

用户选择使用什么样的操作系统软件，便基本上确定了该计算机系统的总体应用模式（多道批处理模式、分时多任务处理模式、单用户处理模式、图形界面模式等）和工作性质。

3．操作系统的类型决定计算机系统在网络系统中扮演的角色

在 Internet 中有各式各样的服务器（Web 服务器、FTP 服务器、Email 服务器、DNS 服务器等），这些服务器实际上是一些运行着各种服务器程序的计算机主机系统。很多服务器程序需要在网络操作系统的支持下才能运行，并实现其应有的功能。因此，一台计算机是否安装网络操作系统，通常决定了该计算机系统在网络中扮演什么样的角色（是服务器，还是客户机）。

综上所述，操作系统是系统软件中很特殊、很重要、使用很普遍的一类系统软件。

二、操作系统的分类

为了适应用户的工作性质、工作场所、工作习惯的需要，操作系统被设计成不同的类型。根据操作系统的适应性，它可以分为以下几种类型：

1．批处理操作系统

批处理操作系统（简称"批处理系统"）通常是指多道批处理操作系统。安装批处理操作系统的计算机系统一般来讲都是"生产系统"。用户对该类计算机系统的数据处理和数据传输能力非常看重，希望该系统的系统开销（计算机用于执行系统程序而付出的代价）尽量小。

在批处理操作系统的管理和控制之下，计算机系统允许若干个程序同时运行。多个程序同时运行的目的是使计算机硬件系统的多个设备并行工作，从而最大限度地提高系统的工作效率。这是批处理操作系统能够大幅度提高系统的数据处理和数据传输能力的主要原因。但为此付出的代价是，安装和使用批处理操作系统会使计算机系统的交互性能大大降低，用户界面也不可能做得多么友好。

比如：IBM VSE 操作系统就是运行在中型计算机系统上的多道批处理操作系统。

2．分时操作系统

在分时操作系统的管理和控制之下，计算机系统可以被很多（比如 200 个）用户"同时"使用。这些用户通过计算机终端设备以交互式的方式使用计算机系统。

所谓"交互式方式"是指用户向计算机系统发出一条命令（比如运行一个程序、删除一个文件、打印一个文件、进行网络连接等），操作系统将立即解释用户输入的命令，完成该命令要求计算机系统要做的工作，并将结果通过终端设备反馈给用户。

安装分时操作系统的计算机系统特别适合众多用户使用一台计算机系统进行软件系统的开发、调试工作。每一个用户都觉得自己独占了整个计算机系统资源，用户的要求得到充分的满足。但运行分时操作系统的代价是，安装和使用分时操作系统会使计算机系统的系统开销比批处理系统大大增加，系统的工作效率会大大降低。

比如：IBM VM 操作系统就是运行在中型计算机系统上的分时操作系统。

3. 个人计算机操作系统

个人计算机操作系统是为满足"一台计算机系统只提供给一个用户使用"而开发的操作系统类型。这种操作系统是个人计算机系统（通常是微型计算机系统）出现以后的产物。

个人计算机操作系统分为单用户单任务操作系统和单用户多任务操作系统两种类型。所谓"多任务"是指在某个特定的时刻，计算机系统中可以有不止一个程序处在运行状态。因此，在单用户单任务操作系统的支持下，某一时刻一台计算机系统只能供一个用户使用，并且在使用过程中不能有多个程序同时运行。而在单用户多任务操作系统的支持下，某一时刻一台计算机系统也只能供一个用户使用，但在使用过程中允许多个程序同时处于运行状态。

MS－DOS、PC－DOS、CP/M 等操作系统都属于单用户单任务操作系统。

OS/2、Windows 95/98/2000/XP/2003 等都属于单用户多任务操作系统。

4. 网络操作系统

对于计算机网络系统的正常、高效工作而言，网络操作系统是非常重要的。一般来讲，网络操作系统除了具有传统操作系统的一些基本功能外，还应该具有其他相关功能（比如网络软件、硬件的管理、控制，网络资源共享，网络信息传输安全，网络服务等）。

Netware、Windows 2000 Server、Unix 等操作系统都属于网络操作系统。

第二节　操作系统的功能

本节主要介绍操作系统的基本功能（管理功能和用户界面功能）、发展和分类及其典型用户界面（字符界面、图形界面）。

一、计算机系统管理功能

1. 处理器管理功能

在多任务操作系统支持下，一段时间里边可以同时运行多个程序，而处理器只需要一个。这些程序不是一直同时占用处理器资源，而是在一段时间内分享处理器资源。操作系统的处理器管理模块需要根据某种策略将处理器不断地分配给正在运行的不同的程序（包括从程序那里回收处理器资源）。

有了这种处理器管理机制，在操作系统的支持下，计算机可以"同时"为用户做几件事情。比如，在 Windows XP 操作系统的支持下，用户可以一边下载数据文件，一边编辑源程序代码。

2. 存储器管理功能

操作系统的存储管理指的是对内存空间的管理。在计算机中，内存容量总是紧张的，是一种稀缺资源。在有限的存储空间中要运行程序并处理大量的数据，这就要靠操作系统的存储管理功能模块来控制。另外，对于多任务系统来讲，在一台计算机上要运行多个程序，也需要操作系统为每一个程序分配内存的存储空间和回收内存的存储空间。

3．文件管理功能

计算机内存是有限的，大量的程序和数据需要保存在外部存储器设备中。这些程序和数据怎么保存和管理呢？通常这些程序和数据是以文件的方式在外部存储器中被保存和管理的。文件是一批相关数据或信息的集合体（比如一段程序代码、一组原始数据、一组结果数据等）。在用文件的方式保存这些数据时，要给定一个确切的文件标识（文件名）。文件标识一般由"文件名"和"扩展名"两部门组成；文件名是必选项，而扩展名是可选项。

操作系统的文件管理功能模块将物理的外部存储器存储空间划分为一个个逻辑上的存储文件的子空间，这些子空间被称为目录（或称为文件夹）。一个目录中可以保存文件（或称为数据文件），也可以保存目录（或称为目录文件），这就构成了一个多级的目录结构。在一个目录中，文件标识不能重复；而在不同的目录中，文件标识可以相同。

对文件的使用（读取、保存、修改、删除等），系统采用的是按名存取的方式。也就时说，要使用哪一个文件，只要给出这个文件的文件名即可。但是这里要注意，只给出文件标识是不够的。通常给出的文件标识的语法格式是："路径\ 文件名"或"路径/文件名"。也就是说，在给出文件标识之前，要先给出保存这个文件的位置（简称为路径）。比方说，要找名为"王红"的同学，而全国可能有成千上万的"王红"。但如果说，要找西南财经大学 2003 级计算机科学与技术专业 2 班的名为"王红"的同学，就不会有第二个同学被找到了（假设一个班的同学没有重名）。

文件的保存和使用的管理是操作系统的功能之一。

4．输入输出管理功能

主机和外部设备之间需要进行数据交换。外部设备种类多，型号复杂。不管从工作速度上看，还是从数据表示形式上看，主机和外设之间都有很大差距。怎么在主机和各种各样的复杂的外设之间进行有效的数据传送，是操作系统的输入输出管理功能模块要解决的问题。

5．作业管理功能

需要计算机系统为用户做的事情、完成的工作称为一个作业（比如一个数值计算、一个文档打印等）。对这些作业进行必要的组织和管理，提高计算机的运行效率，是操作系统的作业管理功能。

二、用户界面功能

操作系统除了必须具备管理计算机软硬件设备的功能外，还应该为用户提供一个操作计算机系统的环境，这个环境被称为"用户界面"。这就是操作系统的用户界面功能。

操作系统的系统管理功能解决的是系统能不能用的问题，而用户界面功能解决的是系统好不好用的问题。

操作系统的用户界面要和操作系统的类型相匹配。用户界面越友好，用户使用越方便，随之而来的就是系统开销的增大。因此，一般批处理系统的用户界面做得简单实用，个人计算机操作系统的用户界面做得丰富多彩。

三、典型的用户界面

1. 字符用户界面

字符界面是传统的操作系统用户界面，它的特点是用户输入命令和系统响应均为字符形式。下面是一个 DOS 操作系统的操作的例子。

用户输入：

DIR

系统响应：

2008 - 03 - 06	09：31	< DIR >	.
2008 - 03 - 06	09：31	< DIR >	..
2008 - 04 - 27	17：31	< DIR >	prog
2008 - 04 - 27	19：35	< DIR >	vfp
2008 - 04 - 28	21：16	2，1363	文档 1. DOC
2008 - 04 - 29	22：01	7789	apl01. c
2008 - 05 - 30	23：23	4，4477，5967	文档. rar
2008 - 06 - 30	23：16	3145	ac. DOC

用户输入：

COPY file01. C D：\

系统响应：

已复制　　　　　1 个文件

2. 菜单用户界面

菜单界面是一种比字符界面稍好的用户界面，它的特点是系统将命令分门别类地以菜单的形式组织起来。用户使用命令时不需要以字符形式输入，而是以键盘或鼠标操作的方式，展开菜单，并选定菜单选项输入命令。

3. 图形用户界面

图形界面是目前主流操作系统的用户界面，它的特点是系统以二维图形方式给出提示。用户在系统给出的图形中进行一些简单的操作（比如鼠标操作）即可输入命令。Windows 操作系统就为用户提供了一个非常好的图形用户界面。

第三节　Windows 操作系统概述

本节主要介绍 Windows 操作系统的来历、特点和现状。

一、Windows 操作系统的起源和发展

20 世纪 80 年代初期，美国微软公司开始研发 Windows 操作系统。最初的 Windows（Windows V1. XX、Windows V2. XX、Windows V3. XX）并不是一个真正意义上的操作系统软件，它实际上是一个运行在 DOS 操作系统上的应用程序。这个应用程序为用户提供图形界面和一些相关的系统功能。因此，这时的 Windows 只是现在的 Windows 操作系统的一个雏形。

直到 20 世纪 90 年代中期，微软公司才推出了 Windows 95（一个真正意义上的操作系统软件）。它不需要其他操作系统的支持，是一个单用户多任务操作系统。

继推出 Windows 95 操作系统以后，微软公司又相继推出了 Windows 98 个人计算机操作系统和 Windows NT 网络操作系统。

2000 年，微软公司推出了 Windows 2000 操作系统。该操作系统有四个版本：Windows 2000 Professional、Windows 2000 Server、Windows 2000 Advanced Server、Windows 2000 Datacenter Server。其中 Windows 2000 Professional 是个人计算机操作系统，Windows 2000 Server 和 Windows 2000 Advanced Server、Windows 2000 Datacenter Server 是网络操作系统。

后来，微软公司又推出了 Windows XP 操作系统和 Windows 2003 操作系统。

今天，微软公司已经推出了 Windows Vista 版本。

现在，在世界范围内，微软公司的 Windows 操作系统家族已经是台式计算机的主流操作系统。

二、Windows 操作系统的特点

1. 用户界面

Windows 操作系统是图形界面操作系统，提供了一个良好的用户界面。经过多年的改进，实践证明 Windows 操作系统为用户提供的图像用户界面已经深入人心。大量的台式计算机用户已经非常熟悉微软公司的 Windows 操作系统用户界面，并且能够熟练地使用这个界面来操作计算机系统。

2. 多任务

Windows 操作系统是多任务系统。所谓"任务"就是一个正在运行着的程序。在同一个时间间隔里，多个应用程序可以同时运行，多个应用程序窗口可以同时打开。

3. 多媒体信息处理

Windows 操作系统提供大量的多媒体硬件设备驱动程序和多媒体信息处理及播放软

件，支持多种媒体设备安装和多种数据格式。这就使 Windows 操作系统成为一个很好的多媒体信息处理和信息播放平台。

4. 附属程序

Windows 操作系统集成了大量的附属实用程序。不管是文本信息编辑、简单文字处理，还是图像、声音处理，上网进行 WWW 浏览等，用户都可以直接使用 Windows 操作系统的附属实用程序。

5. 网络服务功能

Windows 操作系统支持多种网络访问形式，支持多种网络协议，提供多种网络服务管理（文件、设备共享等）。其中 Windows 2000、Windows 2003 都有网络操作系统版本。

第四节　Windows XP 操作系统使用基础

本节主要介绍 Windows XP 操作系统的基本使用方法、三个基本的用户界面（桌面、窗口、对话框）、用户界面的基本约定和附属实用程序的功能及基本使用方法。

一、Windows XP 操作系统的基本界面

Windows XP 操作系统主要提供了三个用户界面：桌面、窗口和对话框。桌面是 Windows XP 操作系统提供给用户的第一个界面。用户使用 Windows XP，通常是从桌面开始的。桌面还为用户使用 Windows XP 操作系统的各项功能提供了方便。

窗口是用户使用 Windows XP 操作系统的主要工作场所。用户对各种信息的浏览和处理大多是在窗口界面中进行的。

对话框是 Windows XP 操作系统提供的一种特殊窗口，也是重要的用户界面。Windows XP 操作系统通常用各种各样的对话框向用户进行信息提示和报警。用户也常常使用系统提供的各种各样的对话框向系统输入数据。

通过上述三种基本的用户界面，Windows XP 操作系统和用户之间就有了一个沟通的渠道。用户若要使用安装了 Windows XP 操作系统的计算机系统，就必须首先熟悉 Windows XP 操作系统的用户界面，实际上就是要熟悉 Windows XP 操作系统的桌面、窗口和对话框。然而，Windows XP 操作系统的桌面有各种各样的表现形式，它的窗口是千变万化的，其对话框更是不计其数。究竟应该怎样学习和使用桌面、窗口和对话框呢？

先来看一个实际生活中的例子。一位游客走进了一家从没到过的饭店的房间，但他绝不会因为没有到过这个房间而不会使用房间中的各种生活设施。为什么呢？因为房间中的各种设施和设备都符合人们日常生活的习惯。游客熟悉这些习惯，所以完全可以使用它们。

Windows XP 操作系统的用户界面也是遵循一些约定俗成的方法和表示习惯的。对于 Windows 操作系统的用户来说，要使用 Windows XP 操作系统只需要进一步熟悉其特有的功能和界面特征就可以了。如果你从来都没有使用过 Windows 操作系统，那么你

就应该首先认识 Windows XP 操作系统用户界面的基本特征，熟悉它的基本约定，从最基本的窗口、对话框开始，一边使用，一边学习，逐步熟悉和掌握 Windows XP 操作系统用户界面的特征和使用习惯。在使用 Windows XP 操作系统的过程中，一定不要指望先将某个窗口或对话框的所有属性、特征和功能都搞清楚了再来使用它（其实也完全没有这个必要）。

　　在使用 Windows XP 操作系统的过程中，还有一个问题很重要，这就是用户一定要具有举一反三的能力。怎么才能具有这样的能力呢？关键是要掌握一定的基础知识，比如文件系统中的文件、文件夹、子文件夹、多级目录结构、路径、文件名、扩展名等基础知识。

二、Windows XP 操作系统的桌面

1. 桌面上的图标

　　一般来讲，用户遇到的第一个问题是怎么启动 Windows XP 操作系统。方法是：打开计算机主机电源（在此之前要确认显示器电源已经打开）。Windows XP 操作系统是自动启动的。其实，操作系统的启动一般都是这样。Windows XP 操作系统启动以后显示的屏幕，就是用户界面之一：桌面（如图 2.1 所示）。

图 2.1　Windows XP 操作系统的桌面

　　可以将 Windows XP 操作系统的桌面想象成书桌一样。桌面上的一个个小图形被称为"图标"。

　　有些图标代表的是某种功能，比如网上邻居、回收站等。如果双击这些图标，Windows XP 操作系统便会启动相应的程序。这些程序能够完成用户要进行的相应系统管理和参数设置的工作。

　　有些图标代表的是一个文件夹（目录），比如我的文档等。这些文件夹就像书桌里

的一个个抽屉。将常用的书籍、本子、工具等分门别类地放入这些抽屉里，一旦要使用，便不用翻箱倒柜。这些"放"在 Windows XP 操作系统桌面上的文件夹是经常要使用的文件的存放地点。将这些文件分门别类放在其中，使用它们时就方便多了。另外，应该清楚，Windows XP 操作系统桌面上的文件夹分为两类：系统文件夹和用户文件夹。这两种文件夹在使用方法上是一样的。只是，系统文件夹在 Windows XP 操作系统安装好后便自动由系统创建了，用户能够使用它，但不能删除它；用户文件夹由用户自己创建和使用，并且可以删除。

下面是一个关于在 Windows XP 操作系统的桌面上创建一个名为"练习题"的文件夹的练习。操作步骤如下：

（1）将鼠标指向 Windows XP 操作系统桌面的空白处，单击右键，系统就会给出快捷菜单（如图 2.2 所示）。

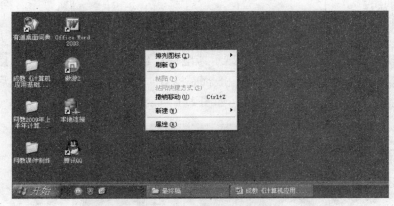

图 2.2　快捷菜单

（2）单击"新建"｜"文件夹"选项，系统就会给出文件夹图标，并且图标的文本处于被选定状态（如图 2.3 所示）。

图 2.3　在桌面上创建文件夹

（3）输入文本"作业"。要打开桌面上的文件夹，双击文件夹图标即可（如图 2.4所示）。

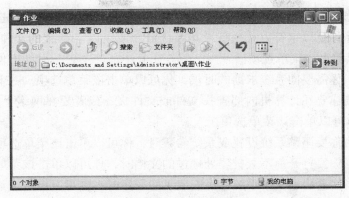

图 2.4　文件夹窗口

　　桌面上的图标中，还有一类是专门用来启动一个个应用程序的装置。我们习惯把它们叫做"快捷方式"图标。一个快捷方式连着一个应用程序，双击一个快捷方式便可以方便地启动一个应用程序。将经常使用的应用程序的快捷方式图标放在桌面上，就像将电话机放在办公桌上一样，使用起来特别方便。

　　现在请将目光转向 Windows XP 操作系统桌面的下方，这是任务栏。

2．开始菜单

　　Windows XP 操作系统桌面的下方有一个横向条形区域，称为"任务栏"。任务栏的左边是"开始"菜单。

　　如果你还不是一个 Windows XP 操作系统的熟练用户，那么你就使用"开始"菜单吧，它一定会让你省去很多麻烦。Windows XP 操作系统的所有功能几乎都能在开始菜单中找到。下图是展开的开始菜单的基本状况（如图 2.5 所示），只要你单击任务栏左侧的"开始"按钮便能看到这一显示。

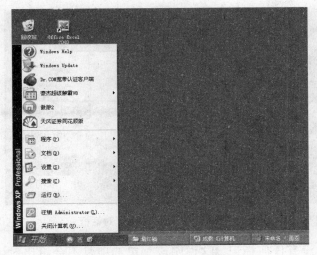

图 2.5　展开"开始"菜单

　　以下是开始菜单的基本菜单选项的功能描述。

"关机"：当你要关闭操作系统和计算机的时候，你可以单击该菜单选项。

"运行"：当你要以字符方式执行一条系统命令或是以字符命令方式启动一个应用程序时，你可以单击该菜单选项。

"帮助"：当你需要向系统求助的时候，你可以单击该菜单选项。

"搜索"：当你要在计算机内部查找文件或文件夹，或者要在网络上查找计算机或用户的时候，你可以单击该菜单选项。

"设置"：当你要调整系统设置或系统参数时，你可以单击该菜单选项。

"文档"：当你要打开前不久曾经处理过的文档时，你可以单击该菜单选项。

"程序"：当你要启动一个系统已经安装了的程序时，你可以单击该菜单选项。

图 2.5 所显示的都是开始菜单的选项。为什么选项名称的右边显示的内容有差别呢？其实，这正是 Windows XP 操作系统的一个关于菜单选项类型的约定。

在 Windows XP 操作系统的所有菜单中，菜单选项分为命令菜单选项和子菜单选项。命令菜单选项又分为两种：执行时会出现对话框的命令菜单选项和执行时不会出现对话框的命令菜单选项。

命令菜单选项相当于一条命令，单击该菜单选项，系统就执行一条命令或是完成一项工作。

如果是执行时不会出现对话框的命令菜单选项，单击该菜单选项，它会直接执行命令，而不会在命令执行过程中给出任何提示。

如果是执行时会出现对话框的命令菜单选项，单击该菜单选项，系统会先给出相应的对话框，用户必须在对话框中进行相应的操作后系统方能执行命令。

如图 2.5 所示，菜单选项右边有"…"标记，这说明该菜单选项是会给出对话框的菜单选项。单击"关闭计算机…"菜单选项，系统会给出相应的对话框提示（如图2.6 所示）。

图 2.6 "关闭计算机"对话框

菜单选项右边没有任何标记，这说明该菜单选项是不会给出对话框的菜单选项。单击该菜单选项，系统会直接执行命令。

子菜单选项对应一个子菜单。鼠标指向该菜单选项，系统会自动展开一个新的菜单，新的菜单中又有一些菜单选项。子菜单的作用是将大量的菜单选项分门别类地进行组织。它的右边有一个黑色的三角形标记（如图 2.7 所示）。

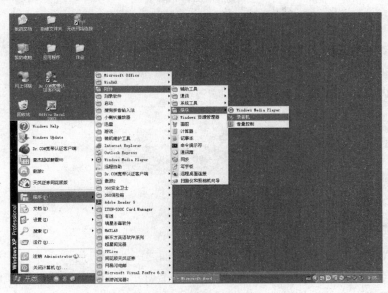

图 2.7　展开的子菜单

3．任务栏

一个应用程序启动了，任务栏就会有一个关于这个应用程序的图标。Windows XP 操作系统是一个多任务操作系统，可以同时有多个程序处在运行状态（如图 2.8 所示）。任务栏能将这些程序的前台、后台运行情况显示出来（如图 2.9 所示）。

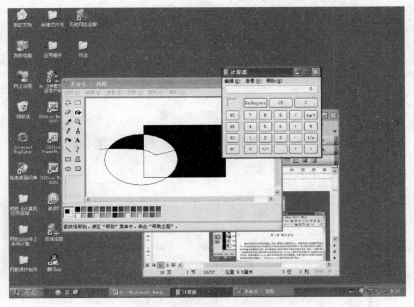

图 2.8　多个程序同时运行

图 2.9　前台和后台

4. 状态栏

　　如果希望随时了解某个程序的运行状态，则可以将这个程序的状态放在状态栏中，比如系统时间、音量、汉字输入状态、防火墙程序状态等。这样有利于随时对系统和应用程序的状态进行观察（如图 2.10 所示）。

图 2.10　状态栏

三、Windows XP 操作系统的窗口

　　窗口是 Windows XP 操作系统的主要用户界面之一。用户启动一个应用程序，系统将打开一个与之对应的应用程序窗口（如图 2.11 所示）。用户打开一个文件夹，系统将给出一个与之对应的文档窗口（如图 2.12 所示）。

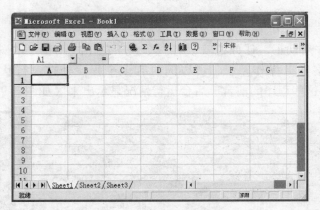

图 2.11　应用程序窗口

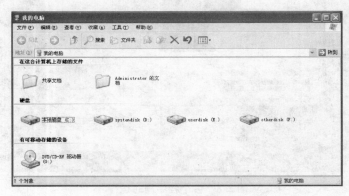

图 2.12　文档窗口

用户在使用一个应用程序的过程中，所有的操作基本上都是在相应的窗口中进行的。用户在一个文件夹中管理文件及目录结构时，所有的操作基本上也是在相应的文档窗口中进行的。因此，窗口是 Windows XP 操作系统提供给用户的一个重要的操作界面，熟悉窗口界面的构成、功能、操作是使用 Windows XP 操作系统的基础。

一个 Windows XP 操作系统的窗口由以下主要部分构成。

1. 窗口边框

Windows XP 操作系统的窗口都是矩形的。它的上下左右各有一条边框线。这四条边框线不仅标示出了窗口的区域，也构成了窗口的边框（如图 2.13 所示）。

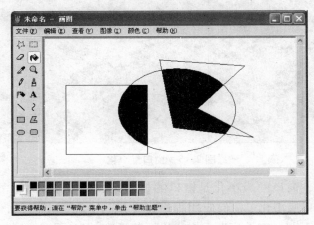

图 2.13　窗口的边框

Windows XP 操作系统的窗口一般有三种显示状态：最大化显示状态（简称为"最大化"状态）、最小化显示状态（简称为"最小化"状态）和还原化显示状态（简称为"还原"状态）。

处于最大化状态时，窗口遮挡整个桌面（如图 2.14 所示）。这时，窗口的边框线只起标识窗口区域的作用，用户不能移动窗口的边框线。

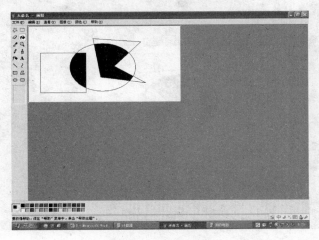

图 2.14　窗口最大化

处于最小化状态时，窗口只在任务栏中保留一个图标（如图 2.15 所示），而桌面上已经看不到窗口了。

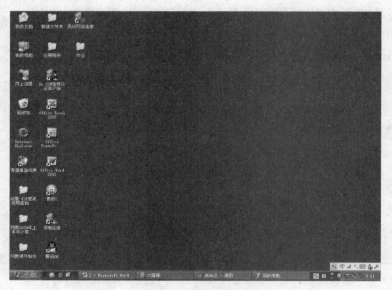

图 2.15 窗口最小化

应该注意的是，窗口的最小化是窗口的显示区域的极度缩小，而不是关闭窗口。比如：应用程序窗口最小化了，但应用程序还在运行。在很多时候，需要应用程序继续运行（比如文件下载、查杀病毒、格式化硬盘等），但又不需要对应用程序窗口进行任何的操作。这时，要做的就是最小化应用程序窗口，而不是关闭应用程序窗口。

处于还原状态时，可以在桌面上看到窗口，但窗口不能遮挡整个桌面（如图 2.16 所示）。这时，窗口的边框线不仅起标示窗口区域的作用，用户还可以移动它们，而且窗口在桌面上的位置也是可以移动的。

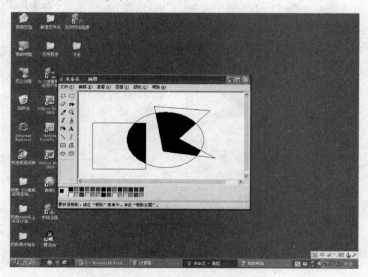

图 2.16 窗口处于还原状态

　　与窗口的最大化和最小化状态不同的是，处于还原状态的窗口的大小是可以调整的。最简单的调整方法是直接移动窗口的边框线，具体操作步骤如下：

　　（1）移动鼠标指针，指向窗口的任意一条边框线（鼠标指针标记变成双向箭头标记）。

　　（2）沿箭头方向拖动窗口边框线至需要位置即可（如图 2.17、图 2.18 所示）。

图 2.17　右边框移动前

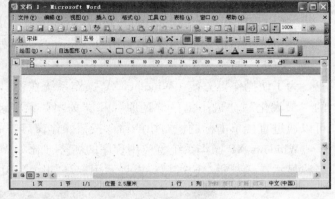
图 2.18　右边框移动后

2. 标题栏

　　标题栏处在 Windows XP 操作系统窗口的上方（如图 2.18、图 2.19 所示）。标题栏的左侧有一个与应用程序相关的图标，这是"控制菜单栏"图标。单击该图标，系统通常会展开一个控制菜单（如图 2.19 所示），其中有一些与应用程序窗口操作有关的菜单选项。

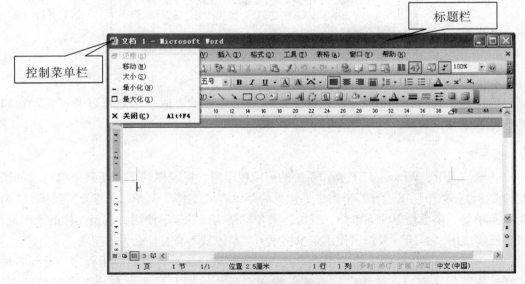
图 2.19　展开的控制菜单栏

在控制菜单中，可以看到一个有趣的情况，这就是有些菜单选项显示清楚，而有些菜单选项显示模糊。其实，这是 Windows XP 操作系统关于菜单选项和用户的一个约定。当某一时刻窗口中的对象（包括菜单选项）是可以使用的，该对象显示清楚；当某一时刻窗口中的对象（包括菜单选项）是不可以使用的，该对象显示模糊。

控制菜单栏中常用菜单选项的功能如下：

"最大化"选项：最大化窗口（窗口不处于最大化状态时有效）。

"最小化"选项：最小化窗口（窗口不处于最小化状态时有效）。

"还原"选项：使窗口转换为还原状态（窗口不处于还原状态时有效）。

"关闭"选项：关闭窗口，应用程序停止运行。

为了使操作更方便，Windows XP 操作系统在窗口标题栏的右边，将控制菜单栏中的"最大化"、"最小化"、"还原"和"关闭"菜单选项以按钮的形式摆放出来。用户可以通过直接单击标题栏右边的命令按钮操作窗口，而不需要展开控制菜单栏。

Windows XP 操作系统将应用程序的名称（比如 Microsoft Word）和被处理的文档的名称显示在标题栏左边区域，以提示用户（如图 2.20 所示）。

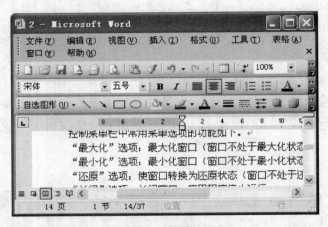

图 2.20　标题栏的提示

窗口标题栏还有一个作用，就是当窗口处于还原状态时，用户可以通过拖动窗口的标题栏来移动窗口。

3．菜单栏

一般情况下，Windows XP 操作系统的应用程序窗口标题栏的下方便是菜单栏（如图 2.20 所示）。菜单栏里边有若干菜单，常见的菜单有"文件"菜单、"编辑"菜单、"帮助"菜单等。菜单栏里的菜单和"开始"菜单的结构、约定、使用方法是一样的。因此，只要能够使用"开始"菜单，使用菜单栏里的菜单也就不会有什么大的问题。

在 Windows XP 操作系统的支持下，我们能够运行各种各样的应用程序、看到各种各样的应用程序窗口。这些窗口不管在构成上还是使用上基本没有什么本质的区别。而各个应用程序的功能是不同的，这些不同的直接表现就是菜单栏里边的菜单不同、菜单中的菜单选项也不同（如图 2.21、图 2.22 所示）。

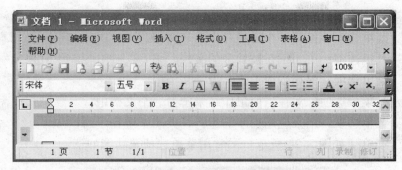

图 2.21　Word 2003 窗口的菜单栏

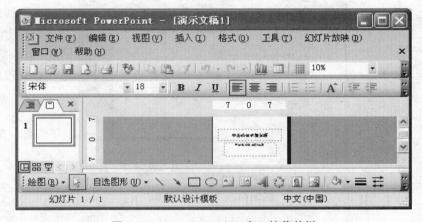

图 2.22　PowerPoint 2003 窗口的菜单栏

菜单栏的使用方法非常简单，只需单击菜单栏中的菜单（系统会展开该菜单），然后单击菜单选项即可。

"文件"菜单（如图 2.23 所示）的常用菜单选项及功能如下：

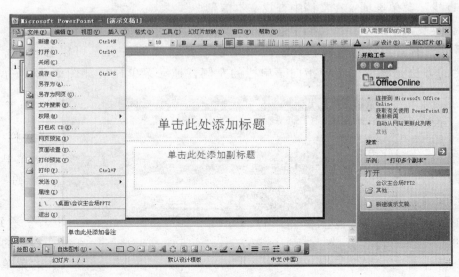

图 2.23　"文件"菜单

"新建"菜单选项：新建一个空白文档。

"打开"菜单选项：打开一个已经存在的老文档。

"关闭"菜单选项：关闭正在被处理的文档。

"保存"菜单选项：保存当前工作结果于文档中。

"另存为"菜单选项：保存当前工作结果于另一个文档中。

"退出"菜单选项：结束应用程序的运行，关闭于源程序窗口。

"编辑"菜单（如图2.24所示）的常用菜单选项及功能如下：

图2.24 "编辑"菜单

"剪切"菜单选项：将选定的内容移动到系统剪贴板上。

"复制"菜单选项：将选定的内容复制到系统剪贴板上。

"粘贴"菜单选项：将系统剪贴板上的内容复制到文档中。

"全选"菜单选项：将文档中的内容全部选定。

"查找"菜单选项：在文档中查找文本信息。

"替换"菜单选项：在文档中查找并替换文本信息。

另外，有一点必须注意，这就是菜单栏在窗口中的位置是可以移动的。移动菜单栏的方法是将鼠标指针指向菜单栏的左侧，拖动菜单栏（如图2.25所示）。

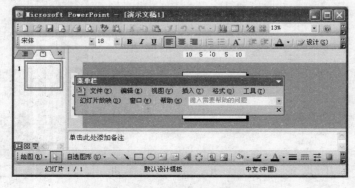

图2.25 被移动后的菜单栏

4. 工具栏

Windows XP 操作系统的应用程序窗口菜单栏的下方是工具栏（如图 2.21、图 2.22 所示）。一个工具栏就像一个工具箱一样，里边有若干个工具按钮。一个工具按钮的功能和菜单栏里的菜单选项的功能类似。要使用某一个工具按钮，只需单击该工具按钮即可。

有读者可能会问：既然有菜单栏，还要工具栏干什么？其实，在应用程序窗口中处理文档时，很多时候不用工具栏而用菜单栏里菜单中的选项是可以的。只是这样有点麻烦，使用工具按钮比使用菜单中的选项要方便一点。

一般来讲，一个应用程序窗口的工具栏有很多。如果在某一个时刻将所有的工具栏都显示出来，窗口的显示区域可能就被显示的工具栏占得差不多了（如图 2.26 所示）。

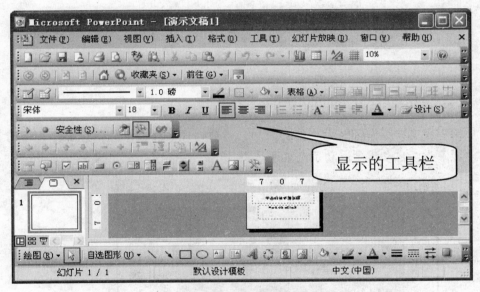

图 2.26　显示太多的工具栏的窗口

因此，在使用中，常常是将常用的工具栏显示出来，不常用的工具栏隐藏掉。比如说，使用 Word 2000 时，通常是显示"常用"和"格式"工具栏，隐藏其他工具栏。工具栏在窗口中的位置也是可以移动的，方法和移动菜单栏一致。

5. 工作区

工作区是 Windows XP 操作系统的应用程序窗口处理文档信息的场所。比方说，用 Excel 2000 处理表格数据时，工作区既是显示工作表和工作表数据的区域，又是用户对工作表和工作表中的数据进行处理的场所（如图 2.27 所示）。

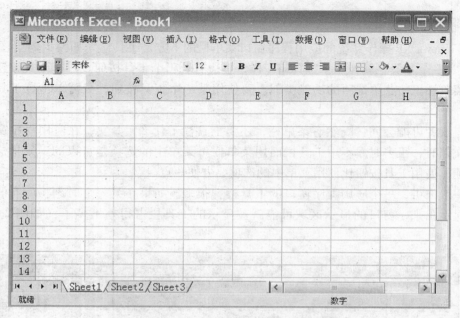

图 2.27 应用程序窗口的工作区

6. 滚动条

应用程序窗口工作区的大小是有限的，当被处理的文档中的信息显示不下时，它的右侧或下方会自动出现滚动条（如图2.28所示）。

图 2.28 有滚动条的工作区

使用滚动条可以将窗口中所处理的文档的信息充分显示。

四、Windows XP 操作系统对话框

对话框是使用 Windows XP 操作系统时要经常面对的另一种用户界面（如图 2.29 所示）。我们可以将对话框看成一类特殊的窗口。

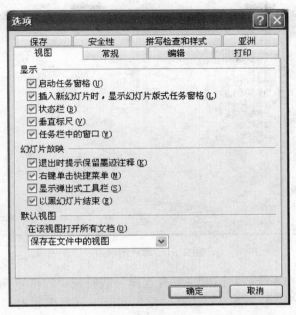

图 2.29　对话框

　　一般来讲，系统在给用户一个提示（或警示）时将给出对话框。在用户的操作过程中，系统需要用户提供参数或者进行某种选择、干预时将给出对话框。

　　下面用"文件"菜单中的"保存"和"另存为"操作来作一个比较。

　　"保存"操作的实质是将当前文档的处理结果写入到当前文档中去。关于当前文档的路径（也就是文件夹在多级目录结构中的位置），应用程序是知道的（第一次保存例外），所以，在保存操作的全过程中系统不会给出对话框。

　　而"另存为"操作是将当前文档的处理结果写入到另外的一个文档中去。另外的文档是哪一个？路径是什么？应用程序是不知道的。所以，"另存为"操作过程必须有用户的干预。用户怎么干预呢？系统给出"另存为对话框"（如图 2.30 所示）。在"另存为对话框"中，用户需要给出系统要的所有参数（如图 2.31 所示）。

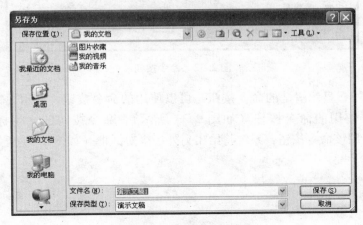

图 2.30　另存为对话框

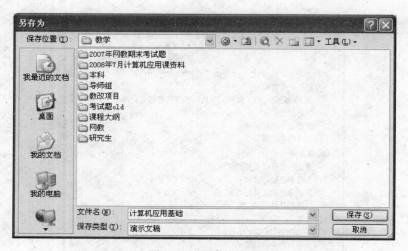

图 2.31　用户的响应

Windows XP 操作系统的对话框一般有这样一些特征：边框不能调整、没有菜单栏和工作区、由系统给出等。学习对话框的使用实际上就是熟悉对话框中常见对象的含义、属性和方法。

1．对话框中的命令按钮

命令按钮（如图 2.32 所示）是对话框中常见的对象。一般来讲，一个命令按钮对应一条命令、一个功能或一个状态。命令按钮上面一般都会有文字标示。这个文字标示和命令按钮的命令是一致的，因此用户可以一目了然。使用命令按钮的方法非常简单，单击命令按钮即可。

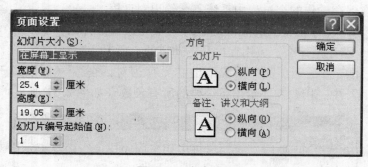

图 2.32　命令按钮

在对话框中，显示清楚的命令按钮是可以使用的命令按钮，显示模糊的命令按钮是目前不可以使用的命令按钮（如图 2.33 所示）。命令按钮的文字标示的右侧有"…"，表示使用该命令按钮，系统将给出另外一个对话框（如图 2.34 所示）。

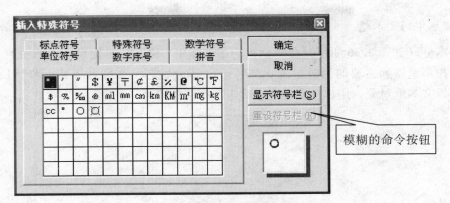

图 2.33　模糊的命令按钮

图 2.34　命令按钮的文字标示的右侧有 "…"

2．对话框中的标签文本

标签文本（如图 2.35 所示）是对话框中用来向用户进行信息提示的对象。系统要提示用户时，会用到标签文本。一般来讲，标签文本只起信息提示的作用，它们不对应命令、功能、状态等。

图 2.35　对话框中的标签文本

3. 对话框中的文本框

文本框（如图 2.36 所示）是对话框中用来让用户进行少量信息输入的对象。系统要从用户那里得到必要的参数时（比如：用户 ID、姓名、文件名等），就可以在对话框中设置文本框对象。用户在文本框中输入字符信息即可。

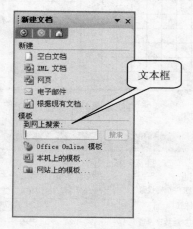

图 2.36　文本框

在文本框中输入字符的具体方法是：首先，单击文本框对象；然后，在文本框中出现光标后，输入字符信息即可。

4. 单选项组和单选项

单选项组和单选项（如图 2.37 所示）是对话框中常见的对象。系统需要让用户在比较少的若干个选项中选一项时（比方说选择文本的色彩、选择页面文本排列方向、选择页面装订线方向等），就可以在对话框中设置一个或多个单选项组。一个单选项组中可以设置多个单选项，用户在单选项组中选择某一项即可。

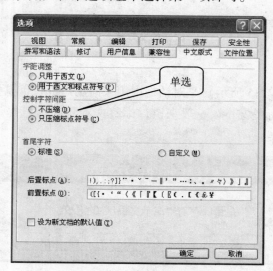

图 2.37　单选项组和单选项

在单选项组中选择某一项的操作方法是：单击要选择的单选项。

5. 多选项组

多选项（如图 2.38 所示）也是对话框中提供给用户进行选择的装置。系统需要让用户在若干个选项中选择多个选项时（比方说用户的兴趣爱好、使用系统哪些功能、使用哪些拼写检查方法等），可以在对话框中设置多个多选项。用户在多选项组中选择即可。

图 2.38　多选项

选择某一个多选项的操作方法是：单击要选择的多个选项。

注意：在单选项组中必须选一项而且只能选一项。多选项则可以选一项、选多项、一项都不选或全部选。

6. 列表框

有些时候，系统需要用户在一大堆选项中选择一项。比如：在 31 天中选择一天，在几十个文件夹中选择一个文件夹，在各种类型的页面中选择一种页面等。这时系统通常会在对话框中给出一个列表框（如图 2.39 所示）给用户选择。

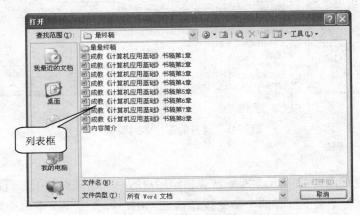

图 2.39　列表框

列表框的大小通常是有限的。如果需要列表的项目在列表框中无法全部列出，列表框的右边会给出滚动条。

选择某一个列表项的操作方法是：单击要选择的列表项。

7. 下拉式列表框

下拉式列表框（如图2.40、图2.41所示）的功能和列表框是一样的。只是在没有被用户使用时，下拉式列表框是折叠起来的。用户要使用下拉式列表框时，先单击下拉式列表框使其展开，然后再单击要选的列表项。

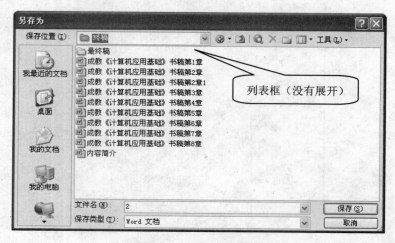

图2.40　下拉式列表框

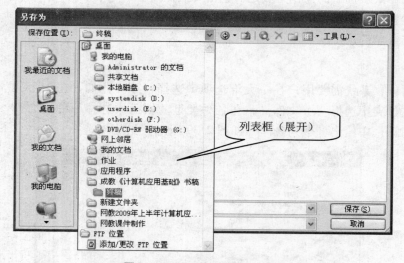

图2.41　展开的下拉式列表框

8. 微调按钮

微调按钮（如图2.42所示）是系统提供给用户的一种用来对数据进行比较细微的调整的工具。它由一个文本框和两个命令按钮构成。用户可直接在文本框中输入准确的数值，也可以使用微调按钮向增加方向和减少方向小步幅调整，直至合适为止。

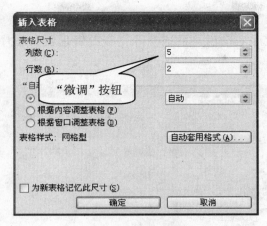

图 2.42　微调按钮

五、Windows XP 操作系统的文件管理

文件管理是操作系统的基本功能之一。Windows XP 操作系统提供的文件管理工具有"资源管理器"和"我的电脑"两个系统程序。

1．"资源管理器"系统程序

（1）"资源管理器"程序的启动

资源管理器是 Windows XP 操作系统提供的一个专门用来管理计算机系统软件资源的系统程序。在使用 Windows XP 操作系统的过程中，很多工作可以在资源管理器的帮助下进行，比如安装、运行应用程序，创建、重命名、移动、复制、删除文件夹，重命名、移动、复制、删除文件，磁盘格式化等。

常用的启动"资源管理器"的方法有两种：

第一种方法是直接单击"开始"菜单｜"程序"子菜单｜"附件"子菜单｜"资源管理器"选项，启动"资源管理器"系统程序。

第二种方法是首先将鼠标指向"开始"菜单后单击右键，展开快捷菜单（如图 2.43 所示），然后单击快捷菜单中的"资源管理器"选项，启动"资源管理器"系统程序。

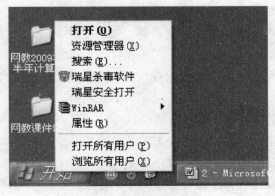

图 2.43　快捷菜单

（2）"资源管理器"程序窗口

"资源管理器"程序启动后，系统打开"资源管理器"程序窗口（如图 2.44 所示）。

图 2.44　"资源管理器"程序窗口

如图 2.44 所示，"资源管理器"窗口的工作区分为两个部分，分别是"文件夹列表区"和"文件列表区"。可以通过拖动两个工作区中间的分隔线调整两个工作区的大小。"文件列表区"不仅列出了文件夹，而且显示出了文件夹之间的目录结构，能列出被选定的文件夹中所有的文件（包括数据文件和目录文件）。管理文件系统的工作主要在这两个工作区进行。

（3）文件管理的任务

对文件系统的管理主要分为目录管理和文件管理。

目录管理包含的具体操作如下：

创建新文件夹：以前没有这个文件夹，现在要创建它。创建文件夹时必须给文件夹命名。在一个文件夹里不能有两个相同名称的文件夹。

重命名文件夹：修改已有文件夹的名称。文件夹中的原有文件和文件夹的位置保持不变。

移动文件夹：改变已有文件夹的保存位置。文件夹的名称和文件夹中包含的文件保持不变。

复制文件夹：移动文件夹，并保留备份。

删除文件夹：删除已有的文件夹。文件夹中的文件一起被删除。

文件管理包含的具体操作如下：

重命名文件：修改已有文件的名称。文件中存储的数据和文件的位置保持不变。

移动文件：改变已有文件的保存位置。文件的名称和文件中存储的数据保持不变。

复制文件：移动文件，并保留备份。

删除文件：删除已有的文件。文件夹中的数据自然也就删除了。

（4）文件夹操作实例

步骤一：启动"资源管理器"程序。

步骤二：C 盘图标的左边有"＋"标志（如图 2.45 所示），这说明 C 盘的根目录里边有子目录。单击"＋"标志，C 盘的根目录中的目录结构展开（如图 2.46 所示）。

图 2.45　"资源管理器"窗口

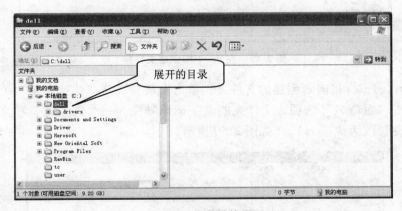

图 2.46　目录结构展开

步骤三：展开 C 盘根目录中的 user 子目录中的目录结构（如图 2.47 所示）。单击目录中的 user 子目录（选定该目录）；单击"资源管理器"程序窗口"文件"菜单 | "新建"子菜单 | "文件夹"选项，在 user1 子目录中创建一个新的子目录。系统赋予新目录的目录名："新建文件夹"（如图 2.48 所示）。

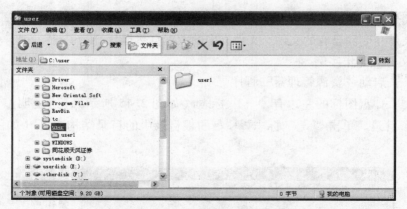

图 2.47 user 子目录中的结构

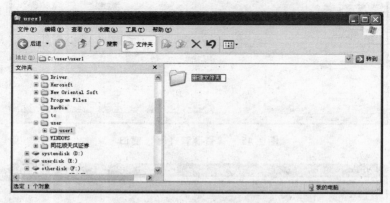

图 2.48 在 user1 中创建文件夹

步骤四：将鼠标指向新创建的文件夹，单击右键，展开"快捷菜单"（如图 2.49 所示）。单击"重命名"选项，文件夹的文字标识处变为一个文本框，在文本框中将"新建文件夹"改为"user11"（如图 2.50 所示）。

图 2.49 快捷菜单

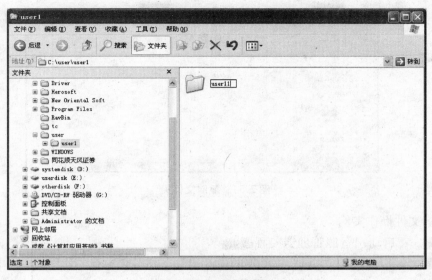

图 2.50　重命名文件夹

步骤五：使用鼠标将文件列表区中的"user11"文件夹拖动到目录列表区中的"user"文件夹上。这样，它就从"user1"文件夹中移动到"user"文件夹中了（如图2.51 所示）。

图 2.51　移动文件夹

步骤六：按下键盘上的"Ctrl"键（不松手），用鼠标将文件列表区中的"user1"文件夹拖动到目录列表区中的"user11"文件夹上。这样，它就从"user"文件夹中复制到"user11"文件夹中了（如图2.52 所示）。

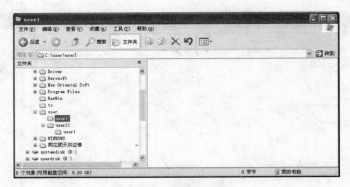

图 2.52　复制文件夹

（5）文件操作实例

步骤一：启动"资源管理器"程序。

步骤二：移动文件。"user"文件夹的"user1"子文件夹中有"计算机应用书稿一"、"计算机应用书稿二"和"计算机应用书稿三"三个文件（如图 2.53 所示）。先将鼠标指向"计算机应用书稿一"文件，单击右键展开"快捷菜单"，单击"剪切"选项；然后，将鼠标指向"user11"文件夹的"user1"子文件夹，单击右键展开"快捷菜单"，单击"粘贴"选项。"计算机应用书稿一"文件就从"user"文件夹的"user1"子文件夹中移动到"user11"文件夹的"user1"子文件夹中了（如图 2.54 所示）。

图 2.53　user1 文件夹中保存有 Word 文档

图 2.54　移动文件

步骤三：复制文件。首先，通过单击鼠标左键，选定"user"文件夹中的"user1"子文件夹中的"计算机应用书稿二"文件。其次，键盘"Ctrl"键（不松手），通过单击鼠标左键，选定相同文件夹中的"计算机应用书稿三"文件（如图 2.55 所示）。再次，单击右键，展开"快捷菜单"，单击"复制"选项。最后，将鼠标指向"user"文件夹的"user11"子文件夹，单击右键展开"快捷菜单"，单击"粘贴"选项。那么，"计算机应用书稿二"和"计算机应用书稿三"文件就从"user"文件夹中的"user1"子文件夹中复制到"user"文件夹的"user11"子文件夹中了（如图 2.56 所示）。

图 2.55 选定两个文件

图 2.56 复制两个文件

（6）磁盘操作实例

步骤一：启动"资源管理器"程序。

图 2.57 "资源管理器"窗口

步骤二：将鼠标指向"userdisk（E:)"逻辑硬盘图标（如图 2.57 所示），单击右键展开"快捷菜单"，单击"重命名"选项，"userdisk（E:)"标识处变成文本框。在文本框中将"userdisk"更名为"用户盘"（如图 2.58 所示）。

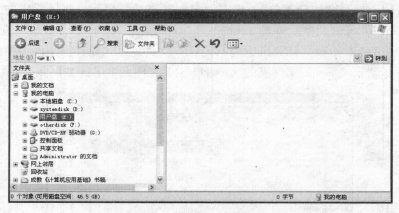

图 2.58　重命名卷标

步骤三：将鼠标指向"用户盘（E:)"逻辑硬盘图标（如图 2.58 所示），单击右键展开"快捷菜单"，单击"格式化"选项，系统给出"格式化"对话框（如图 2.59 所示）。在"格式化"对话框中确定文件系统格式、是否快速格式化、逻辑盘卷标等参数后，单击"开始"按钮即可进行格式化操作。

注意：格式化操作将破坏保存在逻辑硬盘中的所有数据。因此，在格式化之前一定要保证需要的数据已经进行了备份。

2. "我的电脑"

"我的电脑"是 Windows XP 操作系统提供的一个系统文件夹。使用"我的电脑"可以方便地进行文件系统管理（当然"我的电脑"还可以帮助用户做其他许多事情）。启动 Windows XP 操作系统以后，桌面上能够看到"我的电脑"程序图标。双击该图标，便可以启动"我的电脑"，打开"我的电脑"窗口（如图 2.60 所示）。

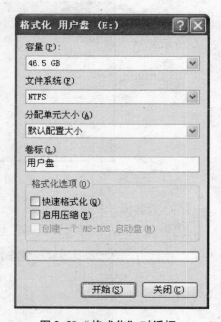

图 2.59　"格式化"对话框

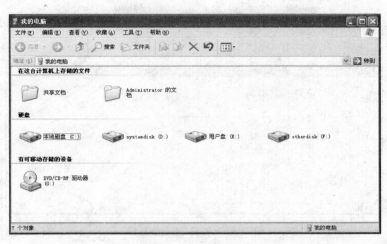

图 2.60 "我的电脑"窗口

"我的电脑"窗口和"资源管理器"窗口的使用方法类似。从图 2.60 的显示中可以看出,"我的电脑"窗口中没有目录列表区。因此,如果是在两个逻辑上隔得较远的文件夹之间移动或是复制文件(文件夹)时,使用"资源管理器"程序要方便一点。下面,用两个操作实例来说明使用"我的电脑"程序管理文件系统的基本方法。

(1)复制文件

步骤一:双击"桌面"上的"我的电脑"图标,打开"我的电脑"窗口(如图 2.60 所示)。

步骤二:双击"本地磁盘(C:)"图标,打开 C 盘根目录(如图 2.61 所示)。

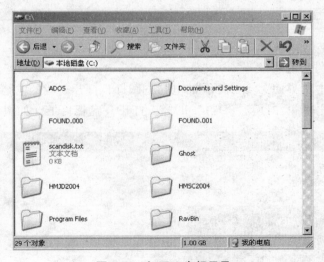

图 2.61 打开 C 盘根目录

步骤三:如图 2.61 所示,将鼠标指向"scandisk"文本文件,单击右键展开"快捷菜单",单击"复制"选项。

步骤四:如图 2.61 所示,单击"标准按钮工具栏"的"后退"按钮,回到如图 2.60 所示状态。

步骤五：如图 2.60 所示，双击"systemdisk"图标，打开 D 盘根目录（如图 2.62 所示）。

图 2.62　打开 D 盘根目录

单击右键展开"快捷菜单"，单击"粘贴"选项，将"scandisk"文本文件复制到 D 盘的根目录中（如图 2.63 所示）。

图 2.63　复制文件

（2）设置文件夹的属性

步骤一：双击"桌面"上的"我的电脑"图标，打开"我的电脑"窗口。

步骤二：双击"第二硬盘（D:）"图标，打开 D 盘根目录（如图 2.64 所示）

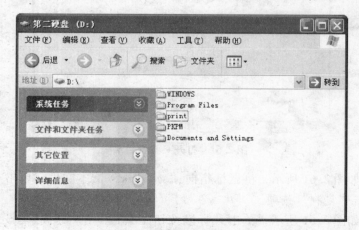

图 2.64　打开 D 盘根目录

步骤三：如图 2.64 所示，将鼠标指向"print"文件夹，单击右键展开"快捷菜单"，单击"共享和安全"选项，系统给出"print 属性"对话框（如图 2.65 所示）。

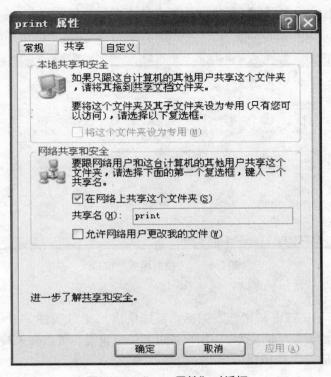

图 2.65　"print 属性"对话框

步骤四：在如图 2.65 所示的对话框中设置该文件夹为共享文件夹，单击"确定"按钮，"print"文件夹就被设置成共享文件夹（如图 2.66 所示）。

图 2.66　共享文件夹

六、Windows XP 的控制面板

Windows XP 操作系统的"控制面板"是一个系统文件夹（如图 2.67 所示），在这

个系统文件夹中存放了许多系统程序。这些系统程序都是用来设置和调整系统参数的程序。在这些程序中，有些是用户可以任意使用的（比如"键盘"、"鼠标"、"日期/时间"等）；而有些程序用户最好先向技术人员咨询后再使用（比如"系统"、"网络和拨号连接"、"添加/删除硬件"等），以免造成设置后系统不能正常使用的后果。

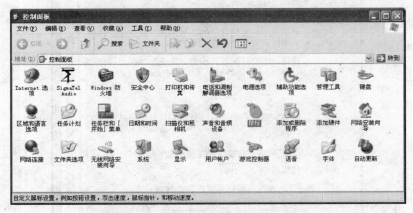

图 2.67　"控制面板"窗口

1. "键盘"设置程序

如图 2.67 所示，双击"键盘"图标，系统给出"键盘属性"对话框（如图 2.68 所示）。在"键盘属性"对话框中，用户可以方便地设置与键盘有关的参数。用户设置完之后，单击"确定"按钮即可。

图 2.68　"键盘属性"对话框

2. "鼠标"设置程序

如图 2.67 所示，双击"鼠标"图标，系统给出"鼠标属性"对话框（如图 2.69 所示）。在"键盘属性"对话框中，用户可以方便地设置与鼠标有关的参数。用户设置完之后，单击"确定"按钮即可。

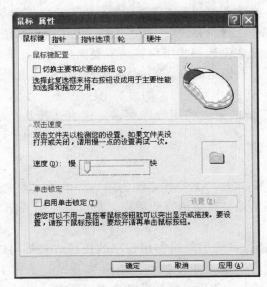

图 2.69　"鼠标属性"对话框

3．"日期/时间"设置程序

如图 2.67 所示，双击"日期和时间"图标，系统给出"日期和时间属性"对话框（如图 2.70 所示）。在"日期和时间属性"对话框中，用户可以方便地设置日期和时间参数。用户设置完之后，单击"确定"按钮即可。

图 2.70　"日期和时间属性"对话框

七、Windows XP 操作系统的附属实用程序

一般来讲，操作系统由两部分构成：系统核心部分和核外实用程序部分。

操作系统的核心部分（系统内核）支持操作系统的基本功能和用户界面，由引导程序自动加载到内存。操作系统的系统管理功能也由系统内核实现，无须人工干预。

为了方便用户的工作（包括系统管理和应用），除了操作系统的核心功能外，操作系统软件的开发者一般都会设计一些用户普遍需要而功能又比较简单的小程序和操作系统的核心部分合在一起提供给用户。Windows XP 操作系统也是这样。我们通常将这些小程序称为 Windows XP 操作系统的"附属实用程序"。

Windows XP 操作系统的附属实用程序很多，这里选择几个有代表性的程序加以介绍。

1."记事本"程序

"记事本"程序是 Windows XP 操作系统为用户提供的文本文件编辑工具。不管是编辑网页的源代码，还是编写高级语言源程序，都可以使用"记事本"这个工具。它既方便，又实用。

通常 Windows XP 操作系统的附属实用程序的快捷方式都可以在"开始"菜单 ┃ "程序"子菜单 ┃ "附件"子菜单中找到。单击"开始"菜单 ┃ "程序"子菜单 ┃ "附件"子菜单 ┃ "记事本"选项，便可以启动"记事本"程序（如图 2.71 所示）。

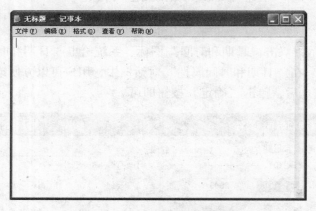

图 2.71　"记事本"程序窗口

如图 2.71 所示，在"记事本"程序窗口中会出现一个光标，通过单击，可以定位光标位置。光标位置是对文本进行编辑操作的位置。

文本信息编辑的主要操作如下：

（1）输入（插入）文本：将光标定位于要输入（插入）文本的位置，使用键盘输入字符串即可。

（2）删除文本：将光标定位于要删除文本的位置，使用"Delete"键删除光标右侧字符，使用"←"键删除光标左侧字符。

（3）改写文本：删除要改写的文本，插入新文本。

（4）分段：在需分段处插入"回车"字符。

2."画图"程序

"画图"程序是 Windows XP 操作系统为用户提供的一个简单的图像工具。用户使用"画图"程序，能方便地创建、裁剪位图图像文件。

启动"画图"程序的方法是：单击"开始"菜单 | "程序"子菜单 | "附件"子菜单 | "画图"选项（如图 2.72 所示）。

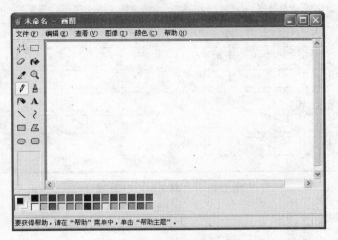

图 2.72   "画图"程序窗口

如图 2.72 所示，在"画图"程序窗口中，用户可以方便地进行简单图形绘制、图像格式变化、图像内容裁剪等工作。

3. "计算器"程序

"计算器"程序是 Windows XP 操作系统为用户提供的一个虚拟的计算工具。

启动"计算器"程序的方法是：单击"开始"菜单 | "程序"子菜单 | "附件"子菜单 | "计算器"选项（如图 2.73 所示）。

图 2.73   "普通型"计算器

如图 2.73 所示，这是 Windows XP 操作系统虚拟的一个功能简单的计算器设备（标准型）。它还可以虚拟一个功能复杂的计算器设备（科学型）（如图 2.74 所示）。用户可以通过单击计算器对话框的"查看"菜单中的"普通型"或"科学型"进行切换。

图 2.74　"科学型"计算器

4. "录音机"程序

　　"录音机"程序是 Windows XP 操作系统为用户提供的一个虚拟的类似于日常生活使用的随身听的设备。使用"录音机"程序，用户不仅可以通过声卡接麦克风将说话的声音录进计算机中，并以声音文件的形式保存起来，还可以通过声卡接扬声器将保存在计算机中的声音数据播放出来。

　　单击"开始"菜单 | "程序"子菜单 | "附件"子菜单 | "录音机"选项，便可以启动"录音机"程序（如图 2.75 所示）。

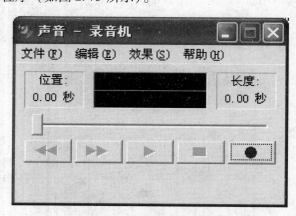

图 2.75　"录音机"程序窗口

　　"录音机"程序窗口和随身听的操作界面一脉相承，用户只需用鼠标单击相关按钮即可。

第三章　　Word 文字处理

第一节　　文字处理软件的基本概念

一、什么是文字处理

文字处理是指编辑主要由文字信息构成的文档。编辑一篇论文，编辑一本教材，编辑一份公函，编辑一个产品介绍，编辑一份求职申请等，这些都可以看成文字编辑工作。

二、文字处理工作的演化

在没有计算机的时候，人们也经常进行文字处理工作。那时，文字编辑、排版是一个技术性很强的工作。写作人员通常只提供文字信息，由专门的技术人员对文字进行编辑和排版。

计算机普及以后，利用计算机系统的超强存储能力、高质量的显示和打印输出能力，软件开发者专门为写作人员开发了用于写作、编辑、排版的应用软件。这种软件称为文字处理软件。有了文字处理软件的帮助，作者可以方便地按自己的想法，对自己的作品进行反复的编辑和排版。计算机文字处理应用软件的出现对作者、出版商和印刷厂来说都是一种福音。

随着计算机软件和硬件技术的不断发展，计算机文字处理软件的功能也不断提升，用户界面也不断改善。今天的文字处理软件通常都具有图形用户界面，都能够进行图、文、表混合排版。

今天，计算机文字处理软件已经成为应用最为普遍的应用软件类型之一。作者以电子文档的形式提交劳动成果已成为一种常态。

文字处理软件的种类很多，微软公司开发的 Word 就是其中之一。

第二节　　Word 2003 文字处理软件

Word 是微软公司开发的集成化办公自动化软件系统 Office 的组成部分。Office 有多个版本，如 Office 95、Office 97、Office2000、Office XP、Office 2003 等。作为 Office 中的一个基本应用程序，Word 也有多个版本，如 Word 95、Word 97、Word 2000、Word

XP、Word 2003 等。本教材使用的版本为 Word 2003。

一、Word 2003 的基本功能

Word 2003 的基本功能可以用一句话来概括，就是图、文、表混排。其具体功能分类如下：

1. 文字符号编辑功能

该功能包括字符（如英文字符、中文字符等）的输入、删除、插入、更改、复制、剪切、粘贴、查找、替换等。

2. 文字符号显示和打印格式设置功能

该功能包括设置字符的大小、色彩、字体、加粗、倾斜、下划线、边框、底纹、宽高比例等格式，设置段落的对齐方式、左右缩进、首行缩进、项目符号、行间距等格式。

3. 表格编辑功能

该功能包括创建表格，修改表格，表格显示和打印格式设置，表格和文本相互转换，表格中数据的简单运算等。

4. 图形、图像编辑功能

该功能包括插入图像，制作简单图形，设置图形、图像显示和打印格式，图形图像和文本混合排版等。

5. 其他功能

该功能包括拼写检查、自动更正、样式和模板设置、邮件合并等。

二、Word 2003 的启动和退出

1. 启动 Word 2003

操作方法：单击"开始" | "程序" | "Microsoft Office" | "Word"选项。

2. 退出 Word 2003

操作方法一：单击程序窗口菜单栏中的"文件" | "退出"选项。

操作方法二：单击程序窗口右上角的"关闭"命令按钮。

操作方法三：右击任务栏中的"Word 2003 应用程序窗口"图标，单击系统给出的快捷菜单中的"关闭"选项。

三、Word 应用程序窗口

和其他应用程序窗口一样，Word 应用程序窗口（如图 3.1 所示）也有标题栏、菜单栏、工具栏、工作区、标尺栏、滚动条、状态栏等。

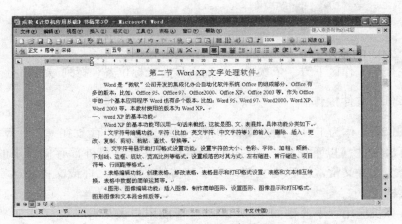

图 3.1　Word 应用程序窗口

1. 标题栏

标题栏从左至右依次显示"Microsoft Word"图标、被编辑的文件名、"Microsoft Word"文字标记、"最小化""最大化/还原""关闭"按钮组。

2. 菜单栏

菜单栏依次显示"文件"、"编辑"、"视图"、"插入"、"格式"、"工具"、"表格"、"窗口"、"帮助"菜单。

3. 工具栏

Word 有很多工具栏（如"常用"、"格式"、"表格和边框"、"窗体"、"大纲"、"绘图"、"艺术字"等）。工具栏可以显示，也可以隐藏，这要看用户当时在做什么。通常不管用户在做什么，"常用"和"格式"工具栏都是会显示出来的。

隐藏"常用"工具栏的操作步骤是：单击"视图" | "工具栏" | "常用"菜单选项（此时，"常用"选项处于有效状态）。

显示"常用"工具栏的操作步骤是：单击"视图" | "工具栏" | "常用"菜单选项（此时，"常用"选项处于无效状态）。

其他工具栏的显示和隐藏和上述方法类似。

4. 工作区

工作区是用户使用 Word 应用程序进行文字处理的场所。文档的内容显示在工作区中，用户的操作也主要集中在工作区中。

5. 标尺栏

标尺栏可以出现在工作区的上方和左边，不仅可以起到定位的作用，而且上方的标尺栏还可以进行左缩进、右缩进、首行缩进等设置。

6. 滚动条

当文档的页面在工作区中不能完全显示时，工作区的下方或右边会自动出现滚动条。

7．状态栏

状态栏处于工作区下方，依次显示当前页号、光标位置、行列号等信息。

四、Word 2003 文件操作

用 Word 2003 作为工具，用户编辑和排版的结果必须要存放在一个计算机文件中。这里的计算机文件（以下简称"文件"）是指存储在计算机外部存储器中的一组相关数据的集合。文件又常常被称为文档。为了和传统的办公文件或文档相区别，它又被称为电子文档。

使用计算机应用程序（比如 Word 2003）帮助用户做某种工作（比如文字处理），用户的工作成果一定是保存在文件中的。因此，文件操作是用户使用计算机应用程序的基本操作。通常在应用程序窗口的菜单栏里边，第一个菜单就是"文件"菜单。而最基本的文件操作包含创建文件、打开文件、保存文件。

1．新建文档

新建文档就是创建一个新的空白文档。以下是创建文档的方法：

（1）方法1：启动 Word 2003。打开 Word 2003 应用程序窗口时，系统会自动新建一个空白文档。

（2）方法2：单击"文件"｜"新建"菜单选项，新建一个空白文档。

（3）方法3：单击"常用"工具栏｜"新建"命令按钮，新建一个空白文档。

Word 文档的扩展名是"DOC"，因此有时人们又称它为"DOC 文档"。

2．打开文档

打开文档就是将已经存在的文档从外存调入内存，并将内容显示在 Word 2003 应用程序窗口的工作区。

打开文档的步骤如下：

第一步：单击"文件"｜"打开"菜单选项，系统给出"打开"对话框（如图3.2所示）。或单击"常用"工具栏中的"打开"按钮，系统给出"打开"对话框。

图3.2 "打开"对话框

第二步：在"打开"对话框中先选定要打开文档的文件夹，再选定要打开的文件。

第三步：单击"打开"对话框中的"打开"按钮。

3. 保存文档

用户使用 Word 2003 进行编辑和排版的操作结果通常保存在计算机内存中。在用户的工作告一段落后，一定要保存文档。保存文档就是将用户编辑和排版的结果写回到文件中去。

保存文档的操作是：单击"文件" | "保存"菜单选项，或单击"常用"工具栏中的"保存"命令按钮，或使用组合键命令"Ctrl + S"。

文件的保存由计算机完成。保存文件的过程无须用户干预。但要注意的是，文件的第一次保存相当于"另存为"操作，这是需要用户干预的。

4. 文档另存为

"另存为"是指将一个文件打开或打开并修改后，不保存在原有文件中，而是另外新建一个文件保存用户的工作结果。

另存为文档的步骤如下：

第一步：单击"文件" | "另存为"菜单选项，系统给出"另存为"对话框（如图 3.3 所示）。

图 3.3 "另存为"对话框

第二步：在"另存为"对话框中先选定要保存新建文件的文件夹，再输入新建文件的文件名。

第三步：单击"另存为"对话框中的"保存"按钮。

第三节 Word 文字编辑操作

一、字符输入

1. 光标

在 Word 2003 应用程序窗口中，字符输入是在工作区中进行的。是什么对象决定用户从键盘上输入的字符的摆放位置呢？这就是光标。光标就是一个不断闪烁的竖线标志，它决定字符输入的位置。

光标是可以被移动的。移动光标有两种方法：一是使用"上"、"下"、"左"、"右"键逐行逐列移动光标；二是使用鼠标单击的方式直接移动光标。

2．字符输入

如果是输入英文字符，用户直接在键盘上敲击相应按键即可。

如果是输入汉字字符，用户必须启动一个汉字输入程序，按照输入法的规则输入汉字字符。

如果是输入特殊字符，用户可以单击"输入"｜"符号"菜单选项，在系统给出的"符号"对话框（如图3.4所示）中输入需要的特殊符号。

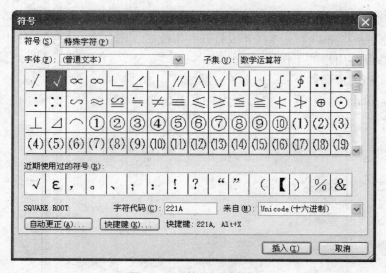

图 3.4　"符号"对话框

有一个字符是很特殊的，这就是"回车"字符。文件中的文本实际上是一个连续的字符序列（通常称为"字符串"），而用户编辑的文本逻辑上通常是分段落的。在一般的文本编辑器（如 Word 2003）中"回车"字符充当了划分的角色。因此，输入"回车"字符就意味着分段，删除"回车"字符就意味着段落合并。

二、字符插入、修改、删除

1．字符插入

假设用户已经输入文本"西财"，现需要将"西财"更正为"西南财经大学"。这就需要在字符"西"后边插入字符"南"，在字符"财"后边插入字符"经大学"。

Word 2003 有两种字符输入状态："插入"状态和"改写"状态。如果处于"插入"状态，用户输入字符将不会覆盖光标后边的字符；如果处于"改写"状态，用户输入字符就会覆盖光标后边的字符。

Word 2003 的状态栏有一个"改写"标志。如果该标志呈清晰显示，就说明 Word

2003 处于"改写"状态；如果该标志呈模糊显示，就说明 Word 2003 处于"插入"状态（如图 3.5 所示）。Word 2003 的"插入"状态和"改写"状态可以通过敲击"Insert"键进行转换。

图 3.5　模糊的"改写"标志

因此，插入字符的具体操作方法是：首先设置"插入状态"，然后定位光标到插入点，最后输入字符即可。

2．字符修改

修改字符有两种方法：一种方法是先设置"改写"状态，后定位光标，最后输入新字符覆盖原有字符；另一种方法是先设置"插入"状态，后定位光标，最后删除原有字符，插入新字符。

3．字符删除

删除字符的方法是先定位光标，后使用"退格"键或"Delete"键删除字符。使用"退格"键可以删除光标前面的字符，"Delete"键可以删除光标后面的字符。

4．字块操作

文本编辑可以是对字符进行操作，也可以是对字块进行操作。字块就是一个字符串。这个字符串包含一个字符、几个字符、一行字符、几行字符、一个段落、几个段落、文档的全部字符等。

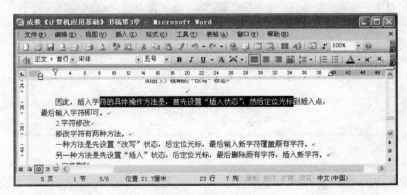

图 3.6　选定字块

对字块进行操作，必须先选定字块（如图 3.6 所示），选定字块的方法有很多。

方法一：用鼠标拖动的方法选定任意字符串。

方法二：用鼠标双击的方法选定一个句子。

方法三：用鼠标三击的方法选定一个段落。

方法四：鼠标在选择区域（页面文本编辑的左边部分）单击，选定一行（如图 3.7 所示）。

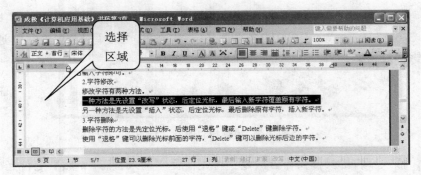

图 3.7　被选定的字块

方法五：鼠标在选择区域三击，选定全部文本。

三、字符查找、替换

查找字符串是文本编辑的常见操作。如果字符较少，用户自己就能很容易地在文件中找出要找的字符或字符串。但如果字符很多，用户自己查找就会变得很麻烦，而且很难避免遗漏。

Word 2003 提供了查找和查找并替换字符串的功能。用户使用这个功能查找和查找并替换字符串就简单了。

1. 查找字符串

第一步：单击"编辑"│"查找"菜单选项。系统给出"查找和替换"对话框，显示"查找"选项卡（如图3.8所示）。

图 3.8　"查找和替换"对话框的"查找"选项卡

第二步：在"查找内容"对话框中，用户输入要查找的内容（比如："文本"）。

第三步：单击一次"查找下一处"命令按钮，查到一个"文本"字符串（如图3.9所示）。

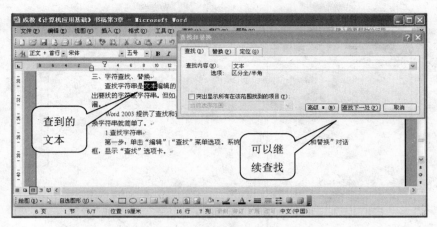

图 3.9 "查找和替换"对话框

2. 查找和替换字符串

第一步：单击"编辑" | "替换"菜单选项，系统给出"查找和替换"对话框，显示"替换"选项卡（如图 3.10 所示）。

图 3.10 "查找和替换"对话框的"替换"选项卡

第二步：在"查找内容"对话框中，用户输入要查找的内容（比如："Word XP"）。在"替换为"对话框中，用户输入要替换成的内容（比如："Word 2003"）。

第三步：单击"查找下一处"命令按钮，查到一个"Word XP"字符串。单击"替换"命令按钮，将查到的字符串（"Word XP"）替换成指定的字符串（"Word 2003"）。这个过程可以反复执行。如果单击"全部替换"命令按钮，则整个文件中的被查找字符串都将被一次性替换为指定字符串。

四、字符格式设置

文档中的字符怎样显示、怎样打印是可以设置的。字符格式设置操作步骤如下：

第一步：选定要设置格式的字符。

第二步：展开"格式"工具栏中的"字体"下拉式列表框，选定被选字符的字体；展开"格式"工具栏中的"字号"下拉式列表框，选定被选字符的尺寸大小；单击"格式"菜单中的"加粗"、"倾斜"、"加下划线"、"边框"、"底纹"等命令按钮，被选定的字符就会被设置成相应的格式（如图 3.11 所示）。

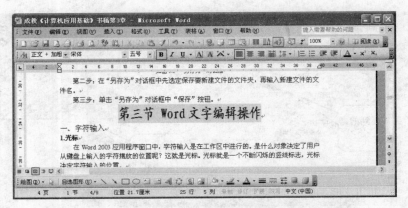

图 3.11　不同的文本格式

或者：单击"格式"｜"字体"菜单选项，在系统给出的"字体"对话框（如图 3.12 所示）中，用户可以进行被选字符的相关格式设置。

图 3.12　"字体"对话框

五、段落格式设置

文档中段落的格式也可以设置。段落格式主要包含缩进、对齐方式、行间距、段间距、编号、项目符号等。段落格式设置的操作步骤如下：

第一步：定位光标于被设置段落中。

第二步：单击"格式"菜单中的"两端对齐"、"右对齐"、"居中对齐"、"分散对齐"、"编号"、"项目符号"等命令按钮，也可以移动标尺上的"左缩进"、"右缩进"、"首行缩进"等对象，被选定的段落就会被设置成相应的格式（如图 3.13 所示）。

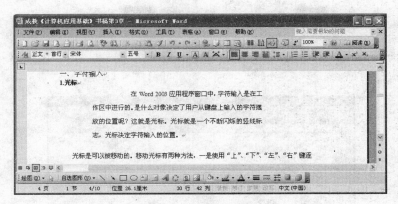

图 3.13　不同的段落格式

　　或者：单击"格式"｜"段落"菜单选项，在系统给出的"段落"对话框（如图 3.14 所示）中，用户可以进行被选段落的相关格式设置。

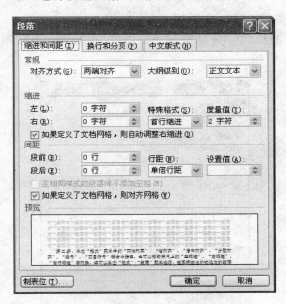

图 3.14　"段落"对话框

第四节　Word 样式和面板

一、样式的定义和使用

1. 样式

　　所谓"样式"就是一个关于一系列的文本格式和段落格式设置的集合体。比如：某种文本的格式设置很复杂，很费时间，而要求这样设置的文本又偏偏很多。一个有效办法是：先定义一个样式，然后用这个样式去设置所有需要设置的文本。

2. 样式的定义

步骤一：单击"格式"｜"样式和格式"菜单选项。如图 3.15 所示，系统给出"样式和格式"窗格。

图 3.15　"样式和格式"窗格

步骤二：单击"新样式"命令按钮。如图 3.16 所示，系统给出"新建样式"对话框。

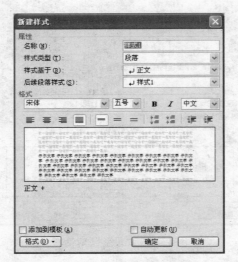

图 3.16　"新建样式"对话框

步骤三：输入样式名（比如："校名"），选定样式类型（比如：字符），设置字符格式（比如：3 号字、黑体、加粗、倾斜等）。

步骤四：单击"确定"命令按钮。如图 3.17 所示，新样式创建完成。

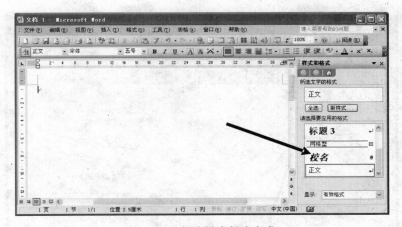

图 3.17 新建样式创建完成

3. 样式的使用

步骤一：如图 3.18 所示，输入文本"西南财经大学"。

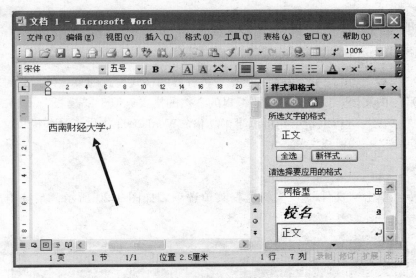

图 3.18 输入字符

步骤二：选定文本"西南财经大学"，单击名为"校名"的样式选项。如图 3.19 所示，文本的格式就被改变。

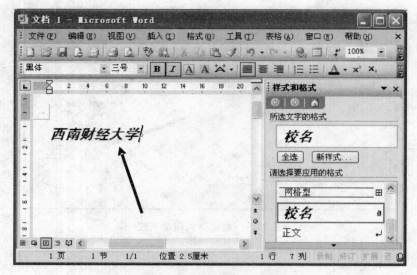

图 3.19　文本格式被改变

二、模板的定义和使用

1. 模板

所谓"模板"，就是一个关于文档中各种各样的格式设置的集合体。它是一个扩展名为"DOT"的文档。如果用户需要编辑的文档的格式近似于"模板"的格式，那么，用户借助"模板"进行编辑工作可以事半功倍。Word 2003 提供了一些模板文档，用户也可以自己定义一些模板文档。

2. 模板的使用

步骤一：单击"文件" | "新建"菜单选项。如图 3.20 所示，系统给出"新建文档"窗格。

图 3.20　"新建文档"窗格

步骤二：单击"本机上的模板"选项。如图 3.21 所示，系统给出"模板"对话框。

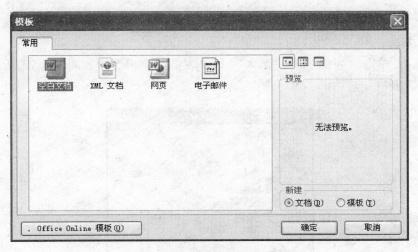

图 3.21　"模板"对话框

步骤三：选定所需模板图标，单击"确定"命令按钮即可使用模板，并在模板的基础上进行编辑工作。

3. 自定义模板

步骤一：编辑文档。

步骤二：另存为文档。

步骤三：如图 3.22 所示，设置被保存文档的类型为"模板文档"。

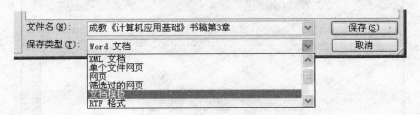

图 3.22　文档另存为"模板"类型

步骤四：单击"保存"命令按钮，自定义模板操作完成。

自定义模板文档后，下次用户再打开"模板"对话框（如图 3.21 所示）时，自定义的模板图标会出现在该对话框中。

第五节　Word 表格

一、表格的创建

Word 2003 能够编辑处理简单的表格。它不仅能够创建标准的二维表格，也能通过表格工具绘制不规则的表格。

1. 创建标准的二维表格

（1）方法一

步骤一：单击"表格"｜"插入"｜"表格"菜单选项。如图 3.23 所示，系统给出"插入表格"对话框。

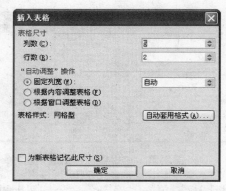

图 3.23　"插入表格"对话框

步骤二：在系统给出的"插入表格"对话框中，确定列数（比如：5 列），确定行数（比如：10 行）。

步骤三：单击"确定"命令按钮。如图 3.24 所示，系统自动创建用户规定的二维表格（比如：5 列、10 行）。

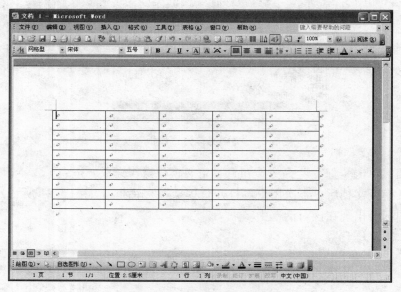

图 3.24　"插入表格"对话框

（2）方法二

步骤一：单击"常用"工具栏中的"插入表格"命令按钮。如图 3.25 所示，系统展开"插入表格行列数选定"列表框。

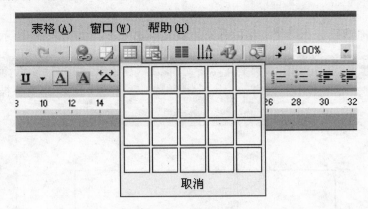

图 3.25　"插入表格行列数选定"列表框

步骤二：拖动鼠标，选定行数和列数（比如：4 列、5 行）。如图 3.26 所示，系统自动创建用户规定的二维表格。

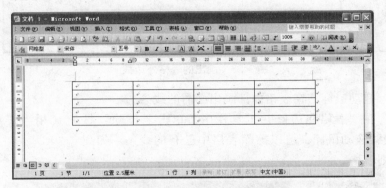

图 3.26　插入一个 4 列 5 行的表格

2．绘制不规则的表格

步骤一：单击"视图" | "工具栏" | "表格和边框"菜单选项。如图 3.27 所示，系统显示"表格和边框"工具栏。

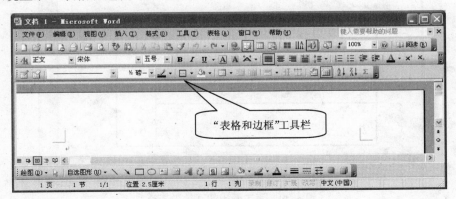

图 3.27　"表格和边框"工具栏

步骤二：在"表格和边框"工具栏中，单击"绘制表格"按钮（相当于拿到画表的工具）。

步骤三：拖动鼠标，一个表格的外边框就被画出来了（如图 3.28 所示）。

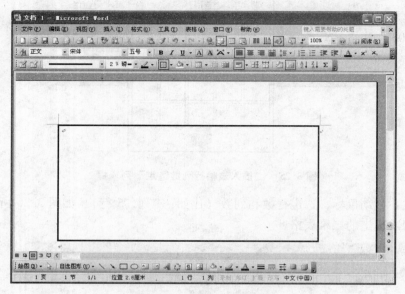

图 3.28　画出的表格外边框

步骤四：拖动鼠标，在表格内部画出必需的线条。

步骤五：在"表格和边框"工具栏中，单击"擦除"按钮（相当于拿到橡皮工具）；沿制表线拖动鼠标，可以擦除表格中已有的线条。如图 3.29 所示，这就是手工画出的不规则表格。

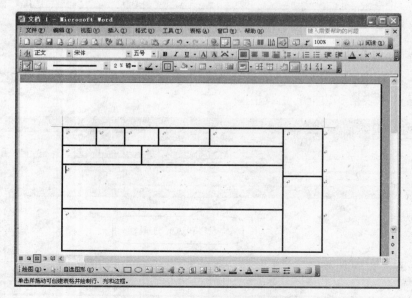

图 3.29　手工画出的不规则表格

二、表格的编辑

1. 输入文本

　　表格通常是由若干行和若干列构成的二维结构，行和列的交叉点被称为单元格。在 Word 2003 中，一个表格的单元格就是一个文本编辑区，用户可以在单元格中进行图、文、表混排的工作。如图 3.30 所示，这是在表格中输入文本后的效果。

姓名	性别	专业	籍贯
张红	男	会计	河北
李辉	女	金融	山东
赵静	女	信管	四川
陈平	男	电商	陕西

图 3.30　表格中输入文本后的效果

2. 表格属性设置

　　步骤一：鼠标右击表格区域，系统给出快捷菜单。

　　步骤二：单击"表格属性"菜单选项。如图 3.31 所示，系统给出"表格属性"对话框。

图 3.31　"表格属性"对话框

　　步骤三：用户可以在"表格属性"对话框中设置表格的各种属性，然后单击"确定"命令按钮。如图 3.32 所示，这是设置表格属性后的显示。

姓名	性别	专业	籍贯
张红	男	会计	河北
李辉	女	金融	山东
赵静	女	信管	四川
陈平	男	电商	陕西

图 3.32　表格属性设置后的效果

3．表格自动套用格式

Word 2003 有许多表格格式的模板，这些模板被称为表格的"自动套用格式"。设置自动套用格式的具体操作如下：

步骤一：单击表格区域。

步骤二：单击"表格"｜"自动套用格式"菜单选项。如图 3.33 所示，系统给出"表格自动套用格式"对话框。

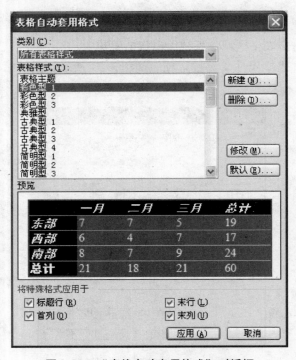

图 3.33　"表格自动套用格式"对话框

步骤三：用户可以在"自动套用格式"对话框中选定一种格式，然后单击"应用"命令按钮。如图 3.34 所示，这是设置自动套用格式的结果。

姓名	性别	专业	籍贯
张红	男	会计	河北
李辉	女	金融	山东
赵静	女	信管	四川
陈平	男	电商	陕西

图 3.34　两种表格自动套用格式的效果

4. 表格的插入和删除

在对表格的编辑中，用户可以在指定的单元格中插入表格（如图 3.35 所示），在表中插入行和列。用户也可以从表中删除行和列，甚至是删除这个表格。具体操作方法如下：

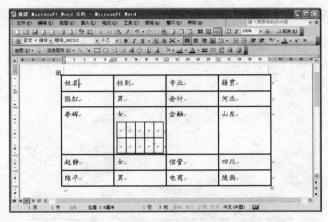

图 3.35　表格的单元格中插入了一个表格

步骤一：单击表格区域。

步骤二：展开"表格"菜单的"插入"子菜单。用户可以通过单击"表格"、"行"、"列"、"单元格"插入表格、行、列、单元格。

或者：展开"表格"菜单的"删除"子菜单。用户可以通过单击"表格"、"行"、"列"、"单元格"删除表格、行、列、单元格。

第六节　图像编辑

一、图像的创建和插入

Word 2003 支持在文档中嵌入图形和图像，并支持将图、文、表进行混合排版。有三种办法可以在 Word 文档中嵌入图形或图像。

1. 插入图像

步骤一：如图 3.36 所示，准备好图像素材。

图 3.36　准备好的图片素材

步骤二：单击"插入" | "图片" | "来自文件"菜单选项，系统给出"插入图片"对话框（如图 3.37 所示）。

图 3.37　"插入图片"对话框

步骤三：在"插入图片"对话框中，选定要插入的图片文件图标。

步骤四：单击"插入"按钮，如图 3.38 所示，图片素材被插入文档中。

图 3.38　图片素材被插入文档

2．绘制简单图形

步骤一：单击"视图" | "工具栏" | "绘图"菜单选项，系统显示出"绘图"工具栏（如图 3.39 所示）。

图 3.39　"绘图"工具栏

步骤二：在"绘图"工具栏中，单击"自选图形" | "星与旗帜" | "五角星"选项，选定绘图工具。

步骤三：如图 3.40 所示，用鼠标拖动的办法，在文档中画出"五角星"图形。

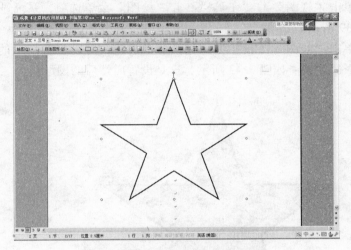

图 3.40　绘制的"五角星"图形

二、图片特性设置

1．图像属性设置

步骤一：如图 3.38 所示，右击图片。单击"显示图片工具栏"选项，系统显示"图片"工具栏（如图 3.41 所示）。

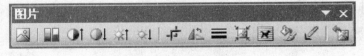

图 3.41　"图片"工具栏

步骤二：单击"图片"工具栏中的相关命令按钮，可以设置图像的色彩（自动、灰度、黑白、冲蚀等）、对比度、亮度、边框线形、旋转等属性。如图 3.42 所示，这是设置属性后的图像。

图 3.42　设置图像属性后的效果

2. 图形属性设置

步骤一：单击"视图"｜"工具栏"｜"绘图"菜单选项，系统显示"绘图"工具栏（如图 3.39 所示）。

步骤二：单击"绘图"工具栏中的相关命令按钮，可以设置图形的线形、填充效果、立体、阴影等属性。如图 3.43 所示，这是设置属性后的图形。

图 3.43　设置图形属性后的效果

三、图文混排

1. 文字环绕设置

步骤一：如图 3.44 所示，选定图片对象，单击"图片"工具栏中的"文字环绕"命令按钮，系统展开"文字环绕"方式列表框（如图 3.45 所示）。

图 3.44　选定图片对象

图 3.45　展开"文字环绕"方式列表框

步骤二：单击"紧密型环绕"选项。如图 3.46 所示，这是文字环绕方式设置后的效果。

图 3.46　文字环绕方式的效果

2. 图形组合

步骤一：如图 3.47 所示，画出三个图形。

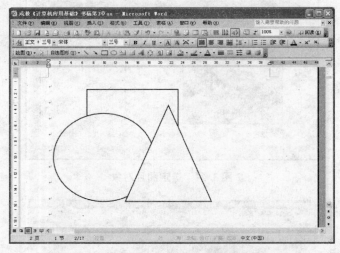

图 3.47　画出的三个图形

步骤二：如图 3.48 所示，右击三角形，展开"快捷菜单"。

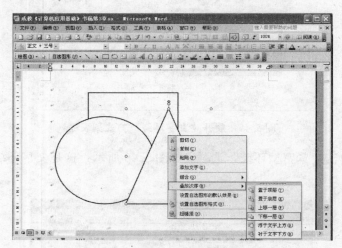

图 3.48　展开"快捷菜单"

步骤三：单击"下移一层"菜单选项，三角形被设置在圆形和矩形图案之间（如图 3.49 所示）。

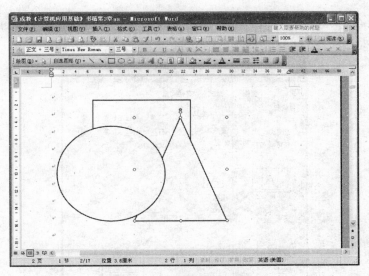

图 3.49　调整图形的层次

　　步骤四：按下"Ctrl"键，复选三个独立的图形，右击展开"快捷菜单"。单击"组合"菜单选项，三个图形合并为一个整体（如图 3.50 所示）。

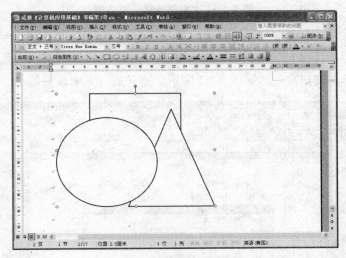

图 3.50　图形组合效果

第七节　文档打印

一、页面设置

　　一个 Word 文档由若干个页面构成。一般来讲，Word 文档是为打印或印刷而编辑排版的。因此，Word 文档的页面设置对打印和印刷出来的效果影响极大。

　　对 Word 文档进行页面设置的具体方法如下：

步骤一：单击"文件" | "页面设置"菜单选项。如图 3.51 所示，系统给出"页面设置"对话框。

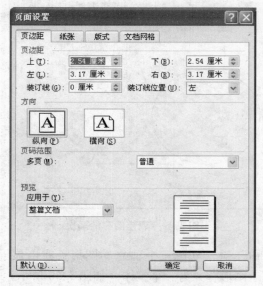

图 3.51　"页面设置"对话框

步骤二：在"页面设置"对话框中，分别选定"页边距"、"纸张"、"版式"、"文档网络"选项卡，设置相关页面的各种参数。

步骤三：单击确定按钮。如图 3.52 所示，这是进行页面设置的结果。

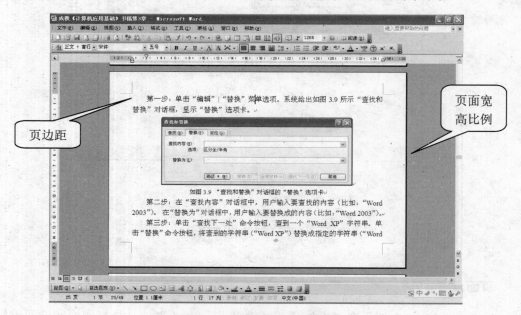

图 3.52　"页面设置"的结果

二、页眉和页脚

Word 2003 能够为用户编辑的文档设置"页眉"和"页脚"。设置页眉和页脚的方法是。

步骤一：单击"视图"｜"页眉和页脚"菜单选项，系统给出"页眉编辑区域"、"页脚编辑区域"和"页眉和页脚"工具栏（如图 3.53 所示）。

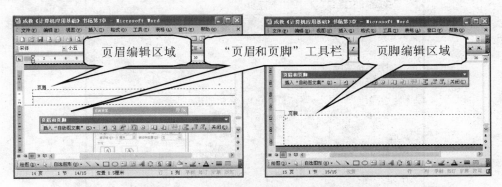

图 3.53　"页眉编辑区域"、"页脚编辑区域"和"页眉和页脚"工具栏

步骤二：用户在"页眉编辑区域"和"页脚编辑区域"输入文本或页码、页数、日期、时间等对象。文档的页眉和页脚就设置好了（如图 3.54 所示）。

如图 3.54 所示，页脚中的"第"、"页"等文本是普通文本，而"页码"和"总页数"等是 Word 提供的对象。这些对象可以自动计算并给出相应的值，从而表现出符合实际的页码和总页数值。

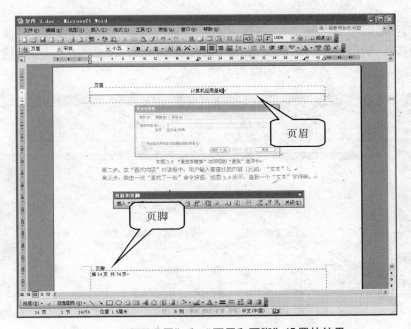

图 3.54　"页面设置"和"页眉和页脚"设置的结果

步骤三：如图 3.55 所示，在"页面设置"对话框中设置"奇偶页不同"。Word 允许用户在奇数页和偶数页中设置不同的页眉和页脚。

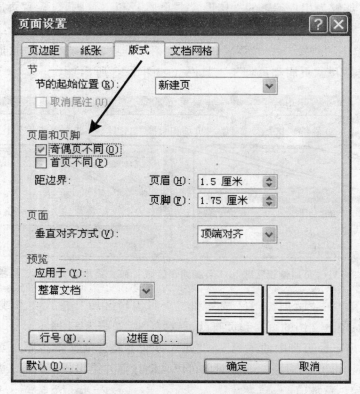

图 3.55　在"页面设置"对话框中设置"奇偶页不同"

步骤四：如图 3.56、图 3.57 所示，在任意的一个奇数页和偶数页上设置不同的页眉和页脚内容，则所有奇数页的页眉和页脚内容统一，所有偶数页的也相应统一，但奇、偶数页的页眉和页脚呈现出不同的内容和格式。

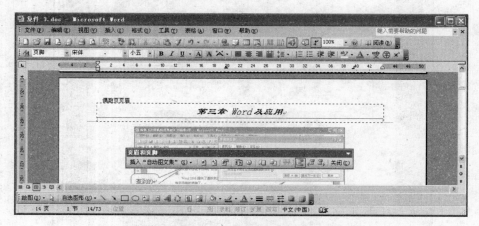

图 3.56　偶数页的页眉

图 3.57　奇数页的页眉

步骤五：如果要求前 5 页的页眉和页脚设置，与第 6 页及以后的页的页眉和页脚设置不一样的话，这就需要将 1～5 页设置为一个"节"，从第 6 页开始设置为另一个节。

分节的设置方法是，将光标定位在第 5 页的最后位置。单击"插入"｜"分隔符"菜单选项，系统给出"分隔符"对话框（如图 3.58 所示）。选定"分节符类型"的"下一页"单选项后，单击"确定"按钮。

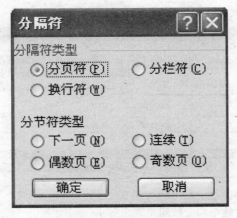

图 3.58　"分隔符"对话框

如图 3.59 所示，文档被分成了两节。其中，第 1 页到第 5 页止为一节，第 6 页及以后被分为了另一节。在显示"编辑标记"的状态下，"分节符"是会被显示出来的。

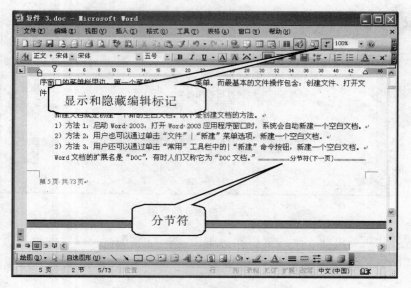

图 3.59　分节成功

步骤六：虽然这样已经将文档分成了前后两个"节"，但是，如图 3.60 所示，后一节的页眉和页脚的设置还与前一节的设置保持着一致的状态。这种状态被称为"与上一节相同"。

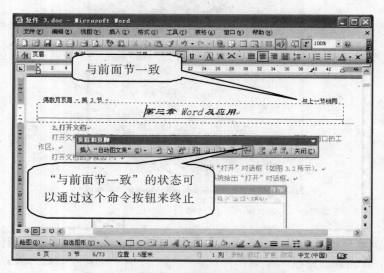

图 3.60　后面节的页眉页脚和前面节相同

步骤七：单击"页眉和页脚"工具栏中的"链接到前一节"按钮，终止这种保持一致的状态。如图 3.61 所示。

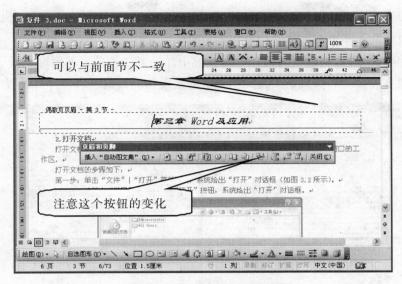

图 3.61　可以与上节不同的状态

步骤八：修改第 6 页的页眉，使之和第 5 页的页眉不同。如图 3.62 所示。

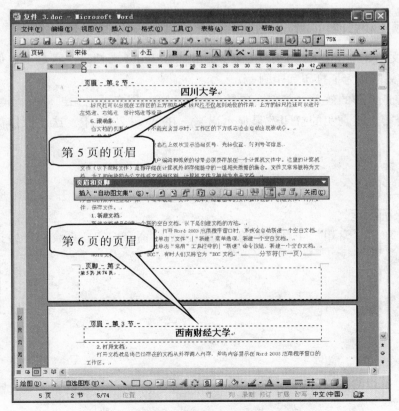

图 3.62　第 5 页和第 6 页的页眉不同

在如图 3.55 所示的"页面设置"对话框中，设置"首页不同"有效。一个小节中的第一页可以和本小节中其他页的页眉、页脚内容和格式不同。如图 3.63 所示。

在如图 3.55 所示的"页面设置"对话框中，设置"奇偶页不同"有效。那么，奇数页和偶数页的页眉和页脚是不是和前一节的设置相同，这可以分开来设置。

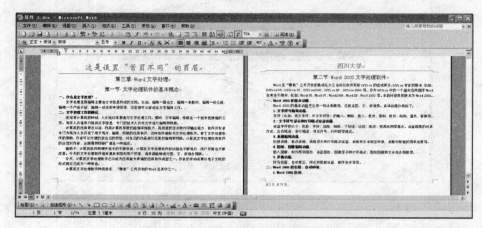

图 3.63　第 5 页和第 6 页的页眉不同

三、打印预览和打印

Word 文档是电子文档，因此直接交流和阅读 Word 文档是一种趋势。但很多时候编辑 Word 文档是为了打印和印刷。

为了保证打印的效果，在文档被真正打印之前，用户可以先进行一下模拟的打印，也就是在屏幕上将真实的打印效果显示出来。在 Word 2003 中，这个操作被称为"打印预览"。

1．打印预览

步骤一：单击"文件" | "打印预览"菜单选项，系统打开"打印预览"窗口（如图 3.64 所示）。

或者：单击"常用"工具栏中的"打印预览"命令按钮，系统同样会打开"打印预览"窗口。

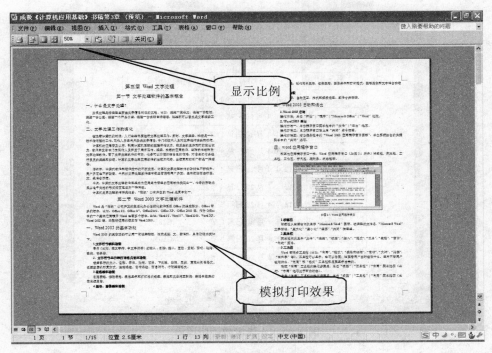

图 3.64　"打印预览"窗口

步骤二：调整显示比例，详细查看模拟打印效果。

步骤三：关闭"打印预览"窗口，编辑 Word 文档。

重复以上步骤，直至满意为止。

2. 打印文档

打印文档的操作非常简单，只需单击"文件"｜"打印"菜单选项，系统便开始自动按编辑的效果打印文档。

第八节　邮件合并

如图 3.65 所示，这是一张关于近期老教师听课安排的表格。为了给每一位老师发一个通知，需要做一个关于通知的模板，然后将不同老师的信息插入到不同的通知中去。这看似是一个很好的办法，但其工作量很大，特别是在已经有表格数据的情况下，这样做似乎有点不方便。怎么办呢？Word 提供的"邮件合并"功能正好能帮我们解决这个问题。

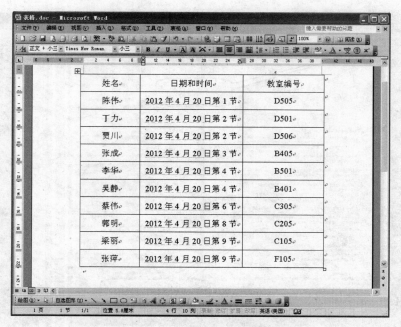

图 3.65   一张老教师听课表

如图 3.66 所示，首先，编辑一个关于通知的模板文档。文档中只包含公共部分的数据，不包括有差异的数据部分。

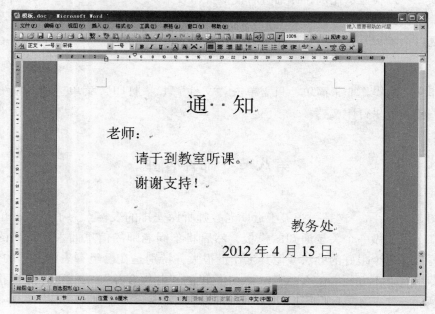

图 3.66   一张关于通知的模板

单击"工具"｜"信函与邮件"｜"邮件合并"选项。如图 3.67 所示，Word 给出一个"邮件合并"向导过程。选择文件类型为"信函"，单击"下一步"。

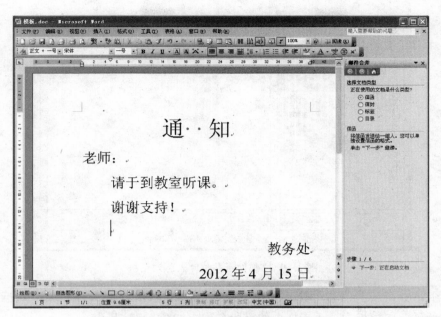

图 3.67　"邮件合并"向导的第一个对话框

如图 3.68 所示，单击"浏览"选项。

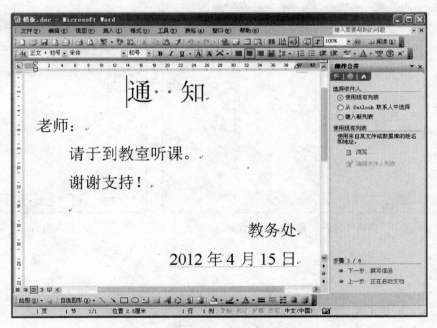

图 3.68　"邮件合并"向导的第二个对话框

如图 3.69 所示，Word 给出"邮件合并收件人"对话框。选择要发通知的老师的记录，单击"确定"按钮。

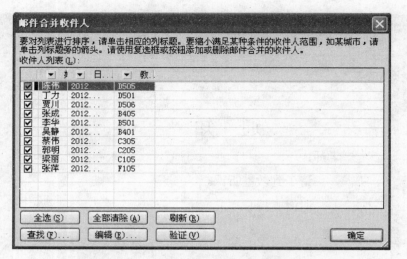

图 3.69 "邮件合并收件人"对话框

如图 3.70 所示，单击"其他项目"选项。Word 给出"插入合并域"对话框，如图 3.71 所示。向模板中插入表格中的字段名称，如图 3.72 所示。

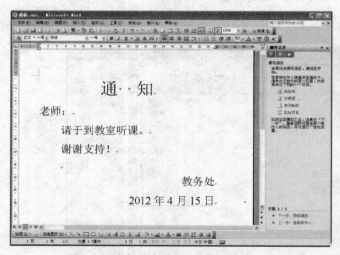

图 3.70 "邮件合并"向导的第三个对话框

图 3.71 "插入合并域"对话框

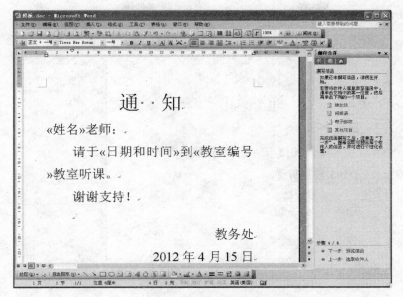

图 3.72　"邮件合并"向导的第四个对话框

　　如图 3.72 所示，单击"下一步"选项，用户将看到合并的结果（如图 3.73 所示）。

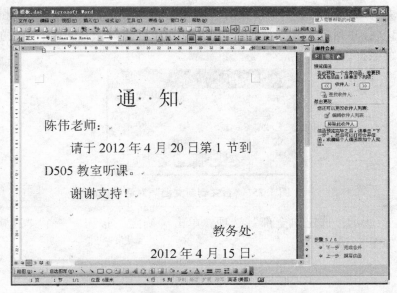

图 3.73　"邮件合并"向导的第五个对话框

单击"下一步"选项，完成合并。

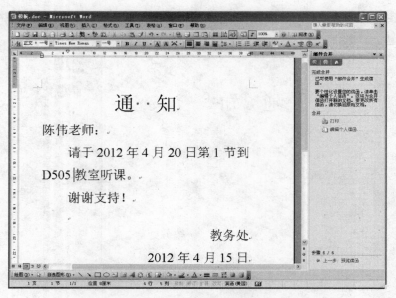

图 3.74　"邮件合并"向导的第六个对话框

　　这是最后一个步骤。如图 3.74 所示，用户可以通过单击"打印"选项直接将合并的结果打印出来；也可以通过单击"编辑个人信函"选项将合并的结果保存到文档中。

　　邮件合并的结果一定是一个模板对应多个记录的数据而产生的一个系列。因此，Word 会给出"合并到新文档"对话框，最后让用户再确认一下，这个生成的系列中包含哪些记录的数据。

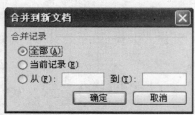

图 3.75　"合并到新文档"对话框

　　如图 3.75 所示，选定"全部"选项，单击"确定"按钮。一个"通知"的系列就产生了，如图 3.76 所示。

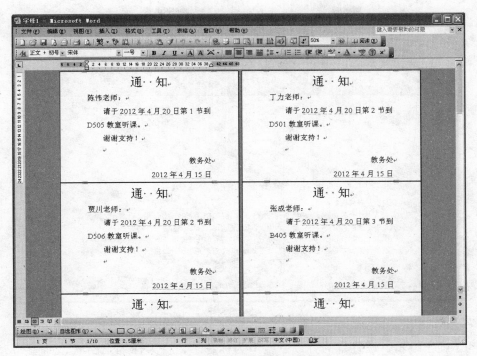

图 3.76　邮件合并的最终结果

第九节　大纲视图和长文档编辑

　　如果用 Word 2003 编辑一本教材，显然这个文档一定不是 3 页、5 页，它可能有 100 页，或者更多。我们将这种文档称为"长文档"。在长文档中翻来覆去寻找被编辑的内容，这是一件很痛苦的事情。Word 针对长文档编辑，专门设置了一种"大纲视图"和相应的标题级别。设置不同级别的标题，并使用大纲视图，这是编辑长文档的有效方法。

　　如图 3.77 所示，这是本教材的第一章内容（一共 20 页）。

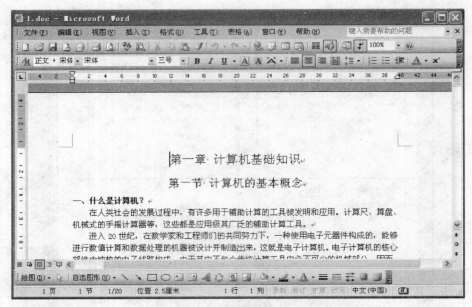

图 3.77　本教材的第一章

为了便于编辑，设置章为标题一，节为标题二，目为标题三格式，如图 3.78 所示。用格式刷将所有的章、节、目的格式作统一调整。

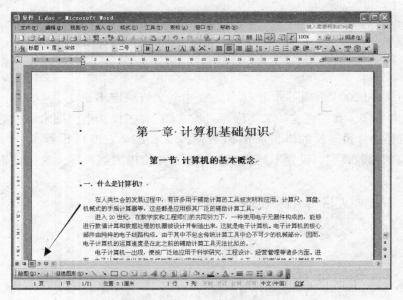

图 3.78　将章、节、目设置为标题

单击"大纲视图"，如图 3.79 所示，这是文档以"大纲视图"显示的效果。

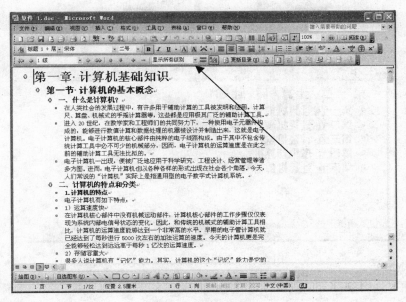

图 3.79　大纲视图

单击"显示所有级别"右边的下拉按钮，展开下拉式菜单（如图 3.80 所示）。

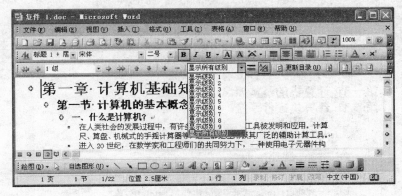

图 3.80　"显示级别"下拉式菜单

选定"显示级别 2"（表示要显示标题 1 和标题 2 的内容，而忽略其他标题级别和文中的内容），Word 大纲视图的响应如图 3.81 所示。

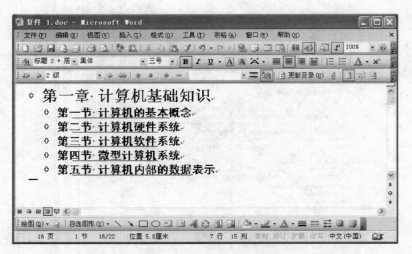

图 3.81　按标题级别显示内容

找到你要编辑的部分，双击标题左边的加号。如图 3.82 所示，某一个标题下边的内容被展开、显示出来。

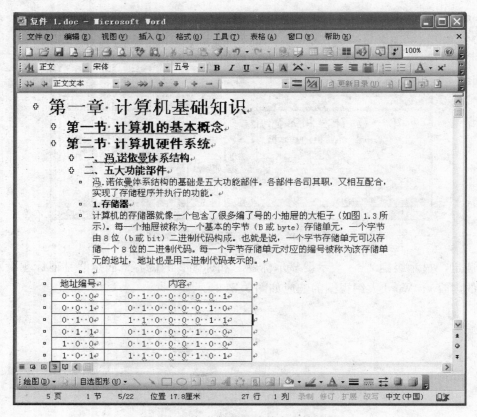

图 3.82　部分标题下边的内容被显示

将光标定位在文档的最前面，单击"插入"｜"引用"｜"索引和目录"菜单选项。如图 3.83 所示，系统将给出"索引和目录"对话框。

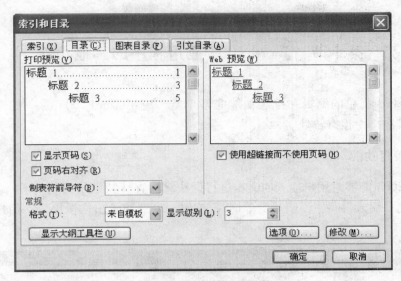

图 3.83　"索引和目录"对话框

设置相关参数。比如：将显示级别设置为 3，表示目录中出现章节目的索引，单击"确定"按钮，Word 将自动生成一个目录，如图 3.84 所示。

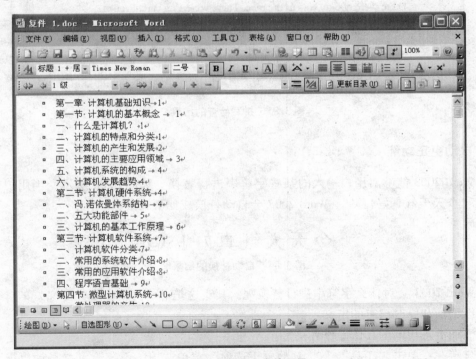

图 3.84　自动生成的目录

第十节　Word 2003 应用程序的其他功能

Word 2003 提供的编辑和排版功能非常丰富，应用 Word 2003 的一些特殊功能于图、文、表混排中很有益处。

一、拼写检查功能

Word 2003 能够对用户输入的文本进行词法级检查（特别是英文单词）。如图 3.85 所示，当用户输入拼写错误明显的单词时，Word 2003 将给出错误提示，用户可以以此作为参考。

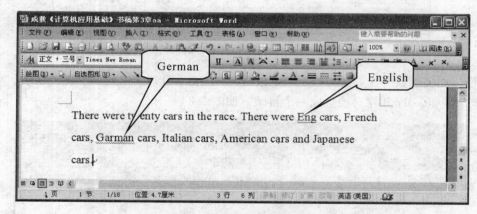

图 3.85　拼写检查的结果

二、自动更正功能

Word 2003 能够对用户输入的某些字符串进行替换。如图 3.86 所示，当用户输入文本"今天天气真好!:)"，Word 2003 会自动替换成如下文本：

今天天气真好！☺

图 3.86　自动替换的结果

Word 2003 会对什么字符串进行替换呢？其实这是 Word 2003 事先定义好的。用户也可以增加和修改已有的定义。

添加更正规则的具体操作方法是。

步骤一：单击"工具"｜"自动更正选项"菜单选项，系统给出"自动更正"对话框（如图 3.87 所示）。

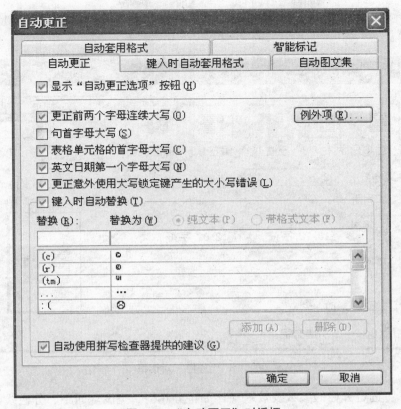

图 3.87　"自动更正"对话框

步骤二：输入被替换字符串，输入替换成为的字符串。

步骤三：单击"添加"命令按钮。一个新的自动更正规则就定义了。

删除更正规则的具体操作方法是。

步骤一：单击"工具"｜"自动更正选项"菜单选项，系统给出"自动更正"对话框。

步骤二：选定已有的更正规则。

步骤三：单击"删除"命令按钮。一个已有的自动更正规则就被删除了。

修改更正规则的具体操作方法是。

步骤一：单击"工具"｜"自动更正选项"菜单选项，系统给出"自动更正"对话框。

步骤二：选定已有的更正规则。

步骤三：修改被替换成的字符串，单击"替换"命令按钮。一个已有的自动更正规则就被修改了。

三、分栏格式

杂志、报纸排版时，经常将一个 Word 文档进行分栏排版，Word 2003 支持这种排版格式。具体步骤如下：

步骤一：单击"格式"｜"分栏"菜单选项，系统给出"分栏"对话框（如图3.88 所示）。

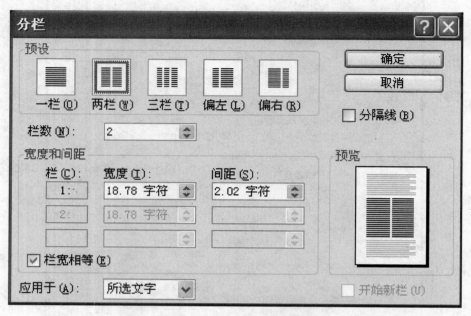

图 3.88 "分栏"对话框

步骤二：选定分栏的参数及效果（比如：分几栏、宽度、间距、分栏线等）。

步骤三：单击"确定"命令按钮。如图 3.89 所示，分栏格式设置完成。

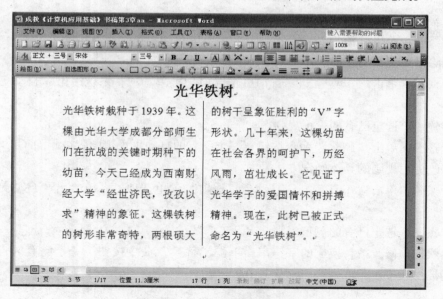

图 3.89 分两栏的效果

四、首字符下沉

"首字符下沉"格式是指段落的第一个字符大号显示。Word 2003 支持这种"首字符下沉"格式设置。具体步骤如下：

步骤一：单击"格式" | "首字下沉"菜单选项，系统给出"首字下沉"对话框（如图 3.90 所示）。

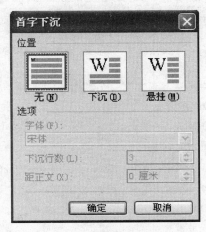

图 3.90 "首字下沉"对话框

步骤二：选定首字下沉方式。

步骤三：单击"确定"命令按钮。如图 3.91 所示，首字下沉格式设置完成。

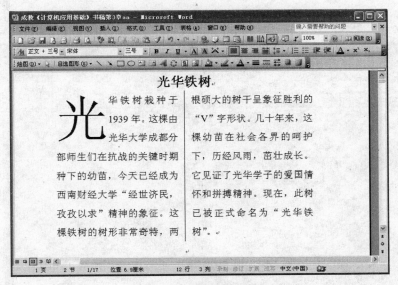

图 3.91 分两栏的效果

五、文档背景设置

打印和印刷出的文档，不一定都是白底黑字的。Word 2003 可以设置文档的背景。
设置文档背景的具体步骤如下：

步骤一：单击"格式"｜"背景｜"色彩"按钮（如图 3.92 所示）。

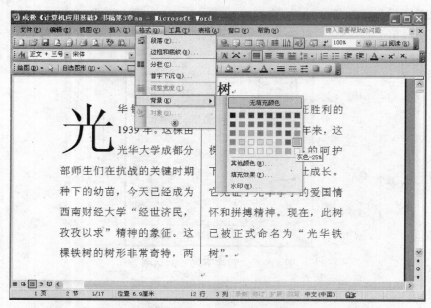

图 3.92 "色彩"列表框

步骤二：如图 3.93 所示，文档背景设置完成。

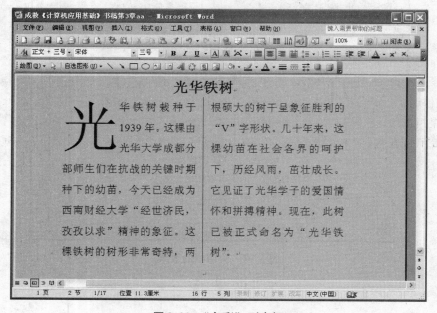

图 3.93 "色彩"列表框

六、文档安全属性设置

用户可以给自己编辑的文档设置一个打开密码和修改密码。设置了打开密码的文档可以保护文档非授权不能打开。设置了修改密码的文档可以保护文档非授权不能修改。

设置文档打开密码和修改密码的具体步骤如下：

步骤一：单击"文件"｜"另存为"菜单选项，系统给出"另存为"对话框。

步骤二：单击"工具"｜"安全措施选项"，系统给出"安全性"对话框（如图 3.94 所示）。

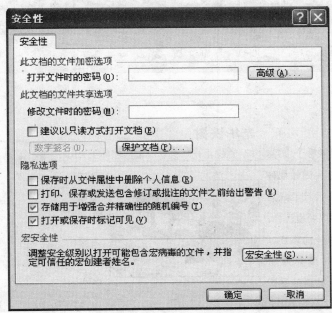

图 3.94 "安全性"对话框

步骤三：在"安全性"对话框中，用户可以输入"打开文件时的密码（O）"和"修改文件时的密码（M）"。

步骤四：单击"确定"命令按钮，密码设置完成。

设置了打开密码的文档，在文档被打开时，系统会给出"密码"对话框（如图 3.95 所示）。用户不能正确输入打开密码，文档不能被正常打开。

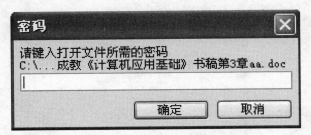

图 3.95 "密码"对话框

七、批注和修订

学生的毕业论文交给导师审阅，导师可以将自己的意见和修改的内容以批注和修订的形式反馈给学生，这样既可以向学生反馈导师审阅的结果，又不破坏学生的原稿。

编辑批注的具体步骤如下：

步骤一：选定要进行批注的文本，单击"插入"│"批注"菜单选项。

步骤二：系统给出"批注"编辑对话框。

步骤三：如图 3.96 所示，用户编辑自己的批注。

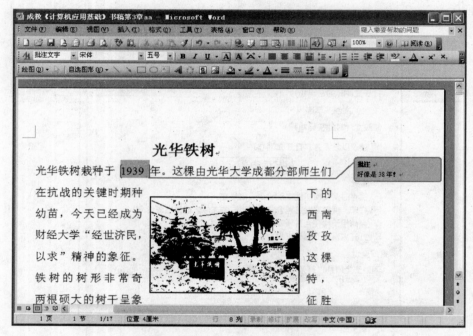

图 3.96　对文本"1939"的批注

编辑修订的具体步骤如下：

步骤一：选定要进行选定的文本，单击"工具"│"修订"菜单选项。

步骤二：输入修订文本。

步骤三：如图 3.97 所示，原作者可以接受或拒绝修订。

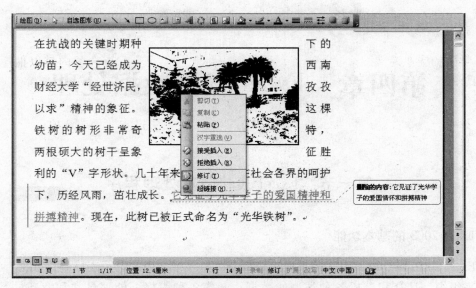

图 3.97 "接受"或"拒绝"修订

第四章　Excel 表格数据处理

第一节　Excel 表格数据处理程序

一、Excel 2003 的基本功能

Excel 2003 是 Office 2003 的重要组成部分，是一个常用的电子表格制作软件。它可以用来组织、计算和分析各种类型的数据，制作各种表格，处理日常和商务的数据，还支持各种图表的生成和编辑。Excel 强大的电子表格处理能力已经使其成为当今社会最方便、功能最强大、使用频率最高的电子表格制作软件。

二、Excel 2003 的启动和退出

1. 启动 Excel 2003 应用程序

启动 Excel 2003 的主要方法有如下三种：

（1）使用"开始"菜单

单击"开始"｜"所有程序"｜"Microsoft Office 2003"｜"Microsoft Office Excel 2003"菜单选项，便可启动 Excel 2003 表格数据处理软件。

（2）使用桌面上 Excel 2003 的"快捷方式"

双击桌面上的 Excel 2003 的"快捷方式"图标，也能启动 Excel 2003 表格数据处理软件。

（3）利用已有的 Excel 文件

直接双击一个 Excel 文档图标（如果有 Excel 文档存在的话）。系统启动 Excel 2003 程序，并同时打开这个 Excel 文档。

2. 退出 Excel 2003

退出 Excel 2003 程序的主要方法如下：

（1）单击应用程序窗口标题栏右侧的"关闭"命令按钮，窗口关闭。

（2）单击"文件"｜"退出"菜单选项。

（3）右击应用程序窗口标题栏，系统给出"快捷菜单"，单击"关闭"菜单选项。

（4）使用组合键命令"Alt + F4"。

三、Excel 2003 应用程序窗口

和 Word 2003 的应用程序窗口一样，Excel 2003 的应用程序窗口包括标题栏、菜单栏、工具栏、编辑栏、状态栏、主工作区等（如图 4.1 所示）。

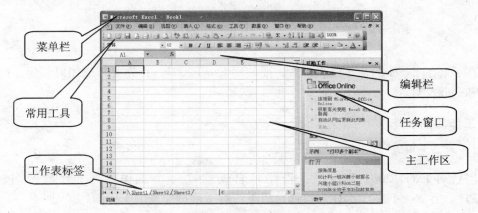

菜单栏　常用工具　工作表标签　编辑栏　任务窗口　主工作区

图 4.1　Excel 2003 的应用程序窗口

第二节　Excel 工作簿的构成

一、工作簿文档

一个 Excel 文件就是一个工作簿，它的扩展名为"xls"，由一个或多个（最多为 255 个）工作表组成。启动 Excel 2003 后会自动生成名为"Book1"的空白工作簿，在第一次保存工作簿时可以更改文件名。

二、工作表

当打开某一工作簿时，它包含的所有工作表也同时被打开。工作表也称为电子表格，是 Excel 用来存储和处理数据的地方。在默认情况下，一个新工作簿中只包含三个工作表，分别为 Sheet1、Sheet2 和 Sheet3，显示在工作表标签中。右键单击工作表名，即可对该表进行编辑。

三、工作表的行、列、单元格

打开一个工作表，可以发现 Excel 2003 程序中的主工作区是由行和列交叉组成的一个工作表。主工作区的数字表示单元格的行，主工作区上面的英文字母表示单元格的列。工作表中行与列交叉处的矩形框称为单元格，它是 Excel 工作表中的基本单位。每个单元格都有唯一的地址，按所在行列的位置来命名，即：列标＋行号。例如，单元格 C3 就是位于第 C 列和第 3 行交叉处的单元格。单击单元格可使其成为活动单元格。其四周有一个黑方框，其行号和列标处在突出显示状态，右下角有一黑色填充柄。

活动单元格地址显示在名称框中，只有在活动单元格中才能输入数据。

工作簿由工作表组成，而工作表则由单元格组成。如果我们把工作簿比喻成账本，那么工作表就是账本中的每一页。当然单元格就是每一页中的记录。

第三节　Excel 2003 的基本操作

在了解了 Excel 的基本概念以后，要使用 Excel 2003，首先要知道如何创建、打开、保存和删除文件。

一、工作簿的操作

1. 创建新的工作簿

当启动 Excel 2003 程序时，程序将自动建立一个工作簿，工作簿的名称为"Book1"。在 Excel 2003 中还可以通过以下三种方法创建新的工作簿。

（1）使用"文件"菜单

单击 Excel 2003 菜单栏中的"文件" | "新建"命令按钮，在任务窗口中选择"空白工作簿"。Excel 2003 程序按常用工作簿创建的先后顺序定义默认名为"Book1"、"Book2"、"Book3"……（如图 4.2 所示）

图 4.2　创建新工作簿

（2）使用"常用"工具栏

单击工具栏中的"新建"命令按钮，也可以建立新的工作簿。

（3）使用组合键命令

使用组合键命令"Ctrl + N"，同样也可以建立新的工作簿。

2. 打开工作簿

启动 Excel 2003 以后，一般有三种常用的方法，可以打开已经创建的工作簿文档。

（1）使用菜单

单击 Excel 2003 菜单栏中"文件" | "打开"命令按钮，系统会弹出"打开"对

话框（如图 4.3 所示）。选定保存要打开文件的文件夹，单击"打开"命令按钮，即可打开已存在的文档。

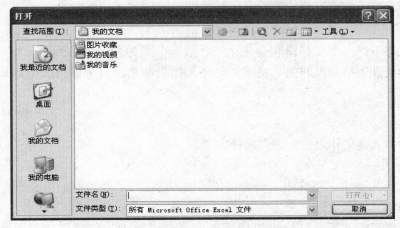

图 4.3　"打开"对话框

（2）使用工具栏

单击工具栏中的"打开"命令按钮，同样可以出现"打开"对话框。

（3）使用组合键命令

使用组合键命令"Ctrl + O"，系统也能给出"打开"对话框。

3．保存工作簿

新建并编辑工作簿以后，要将其保存起来，以便下次查看或使用。可以用如下方法保存工作簿：

（1）使用菜单

单击"文件"｜"保存"命令按钮，或使用组合键命令"Ctrl + S"，即可保存文档。

如果工作簿文档是第一次保存，则系统将进行"另存为"操作（这和 Word 文档一样），弹出"另存为"对话框（如图 4.4 所示）。用户在"另存为"对话框中选定文件夹、输入文件名等，单击"保存"命令按钮，即可保存文档。

图 4.4　"另存为"对话框

（2）使用工具栏

单击"常用"工具栏中的"保存"命令按钮，同样可以保存文档。

二、工作表的操作

默认状态下，一个工作簿包含三个工作表，分别为 Sheet1、Sheet2、Sheet3。工作表是存储和处理表格数据的主要场所，每个工作表都是由若干的行和列组成的二维数据结构。

1. 插入工作表

常用的插入新工作表的方法有两种：

（1）方法一

单击"插入"｜"工作表"命令按钮，插入的工作表在当前工作表的前面。

（2）方法二

右击工作表标签，系统给出快捷菜单；单击"插入"菜单选项，系统给出"插入"对话框（如图 4.5 所示）；选定"工作表"选项，单击"确定"命令按钮，即可在选定工作表的前面插入新的工作表。

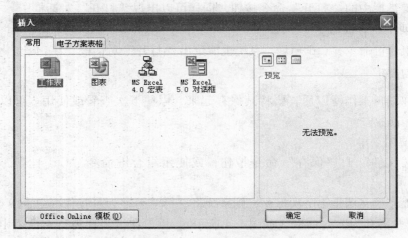

图 4.5 "插入"对话框

2. 删除工作表

用户可以删除已存在的工作表。删除工作表的方法如下：

（1）方法一

单击"编辑"｜"删除工作表"菜单选项，即删除当前工作表。

（2）方法二

右击要删除的工作表标签，系统给出快捷菜单（如图 4.6 所示）。单击"删除"菜单选项，即可删除被选定的工作表。

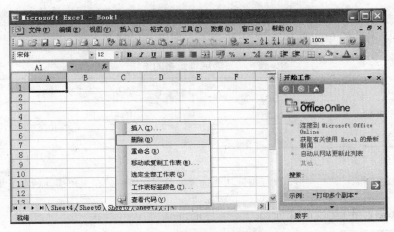

图 4.6　"工作表"快捷菜单

3. 重命名工作表

一般来讲，工作表的名称是需要修改的。重命名工作表的方法如下：

（1）方法一

右击需要重命名工作表标签，系统给出快捷菜单。单击"重命名"菜单选项，工作表标签变成文本框，输入新的工作表名称即可。

（2）方法二

双击需要重命名工作表标签，工作表标签变成文本框，输入新的工作表名称即可。

4. 移动和复制工作表

工作表的顺序是可以调整的。调整工作表排列顺序的方法如下：

（1）方法一

直接拖动工作表标签，即可调整工作簿中已有工作表的排列顺序。

（2）方法二

按下"Ctrl"键，再拖动工作表标签，即可复制工作表到指定位置。

第四节　Excel 单元格的编辑

工作簿由工作表构成，工作表由单元格组成。工作表的单元格操作包括：选定单元格、插入单元格、删除单元格、输入单元格数据等。

一、单元格操作

在 Excel 2003 的应用程序窗口中，单元格操作是工作表操作的基础。

1. 选定单元格

选定单元格包括选定一个单元格，选定整行、整列，选定连续单元格区域，选定不连续单元格区域，选定整个工作表的所有单元格。

下面列出了选定单元格的方法（如表 4.1 所示）。

表 4.1　选定单元格的方法

选定范围	操作方法
选定一个单元格	单击要选定的单元格
选定整行	单击行号
选定整列	单击列号
选定连续的单元格	鼠标指针从要选定的单元格区域的左上角拖动到右下角
选定不连续的单元格	选定一个单元格或单元格区域后，按下 Ctrl 键，再选定另一个单元格或单元格区域。
选定整个工作表	单击工作表的左上角

2．插入单元格

在工作表中插入单元格的具体步骤如下：

步骤一：选定需要插入单元格的位置。

步骤二：单击"插入"｜"单元格"菜单选项。系统给出"插入"对话框（如图 4.7 所示）。

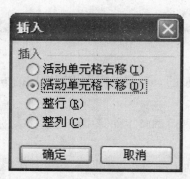

图 4.7　"插入"单元格对话框

步骤三：选定插入单元格的方式，单击"确定"命令按钮即可完成单元格的插入操作。

3．删除单元格

方法一：选定需要删除的单元格；单击"编辑"｜"删除"菜单选项；系统给出"删除"对话框（如图 4.8 所示）；选定删除单元格的方式，单击"确定"命令按钮，即可完成单元格的删除操作。

图 4.8 "删除" 单元格对话框

方法二：右击需要删除的单元格，系统给出"删除"对话框（如图 4.8 所示）；选定删除单元格的方式，单击"确定"命令按钮，即可完成单元格的删除操作。

4．清除单元格的内容

不删除单元格但要将单元格的内容删除掉，这个操作被称为"清除单元格内容"。清除单元格内容的具体方法如下：

方法一：选定需要清除内容的单元格（或单元格区域），展开"编辑"｜"清除"菜单，该菜单有"全部"、"格式"、"内容"、"批注"四个菜单选项（如图 4.9 所示），选定清除方式，即可完成单元格清除操作。

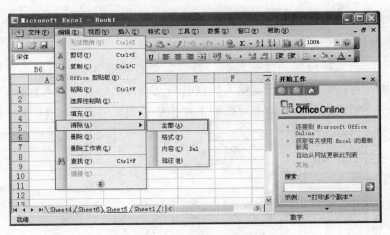

图 4.9　"清除"菜单

方法二：右击需要清除内容的单元格（或单元格区域），系统给出快捷菜单；单击"清除内容"菜单选项，即可完成单元格内容的删除操作。

方法三：选定需要清除内容的单元格（或单元格区域），敲击"Delete"键，即可完成单元格内容的删除操作。

5．合并单元格

方法一：选定需要合并的单元格区域；单击"格式"｜"单元格"菜单选项；系统给出"单元格格式"对话框（如图 4.10 所示）；选定"合并单元格"选项，单击

"确定"命令按钮，即可完成单元格合并操作。

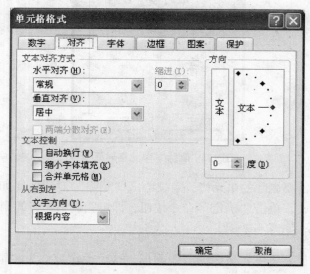

图 4.10　"单元格格式"对话框的"对齐"选项卡

方法二：选定需要合并的单元格区域；单击"格式"工具栏中的"合并及居中"命令按钮，即可完成单元格合并操作。

二、数据输入

1. 直接在单元格中输入数据

表格中有一些原始数据，这些数据一般是需要直接输入的。直接在单元格中输入数据的具体操作方法是：先选定要输入数据的单元格，然后直接输入数据。

例如，一个销售表的部分数据可按如下操作步骤实现（如图 4.11 所示）。

	A	B	C	D	E	F
1			销售表			
2		北京	上海	成都	西安	
3						
4						
5						
6						
7						
8						

图 4.11　销售表

步骤一：选定 A1 单元格，输入"销售表"文本。

步骤二：依次选定 B2、C2、D2、E2 单元格，分别输入"北京"、"上海"、"成都"、"西安"等文本。

步骤三：选定 A1：E1 单元格（这里的冒号表示区域），单击"格式"工具栏上的"合并及居中"命令按钮，合并这五个单元格。

2．单元格数据的填充输入

有规律的数据可以采用填充输入的办法输入。以下是填充输入的方法：

方法一：选定单元格（比如 A3 单元格），输入数据（比如"一月"）；选定要填充的单元格区域（比如 A3：A6）；单击"编辑"｜"填充"｜"序列"菜单选项，系统给出"序列"对话框（如图 4.12 所示）；选定填充类型等选项（比如自动填充）；单击"确定"命令按钮，即可完成填充输入操作（如图 4.13 所示）。

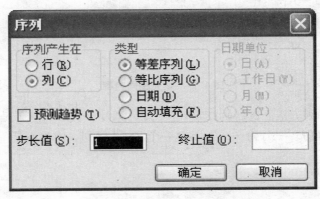

图 4.12　"序列"对话框

	A	B	C	D	E	F
1			销售表			
2		北京	上海	成都	西安	
3	一月					
4	二月					
5	三月					
6	四月					
7						
8						

图 4.13　完成填充输入

方法二：选定单元格（比如 A3 单元格），输入数据（比如"一月"）；移动鼠标指向单元格（比如 A3 单元格）的填充手柄（如图 4.14 所示）；拖动鼠标至 A6 单元格，即可完成填充输入操作（如图 4.13 所示）。

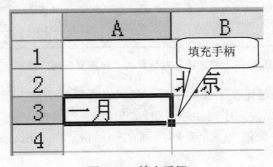

图 4.14　填充手柄

方法三：选定单元格（比如 A3 单元格），输入数据（比如"一月份"）；移动鼠标指向单元格（比如 A3 单元格）的填充手柄（如图 4.14 所示）；拖动鼠标至 A6 单元格，即可完成填充输入操作（如图 4.15 所示）。

	A	B	C	D	E	F
1			销售表			
2		北京	上海	成都	西安	
3	一月份					
4	一月份					
5	一月份					
6	一月份					
7						
8						

图 4.15　填充相同内容

说明：方法二和方法三的区别在于，"一月、二月、三月……"是一个 Excel 序列，而"一月份、二月份、三月份……"不是一个 Excel 序列。因为不是一个序列，就以复制方式填充。

3. 自定义序列

为什么"一月、二月、三月……"就是一个序列，而"一月份、二月份、三月份……"就不是一个序列呢？查看和修改 Excel 序列的操作步骤如下：

步骤一：单击"工具" | "选项"菜单选项，系统给出"选项"对话框（如图 4.16 所示）。

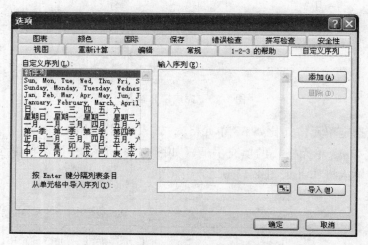

图 4.16　"选项"对话框的"自定义序列"选项卡

步骤二：Excel 已经定义了哪些序列？在"选项"对话框中能够找到答案。

步骤三：用户可以输入序列"一月份、二月份、三月份……"（如图 4.17 所示），并单击"添加"命令按钮。一个新的序列"一月份、二月份、三月份……"就被定义了。

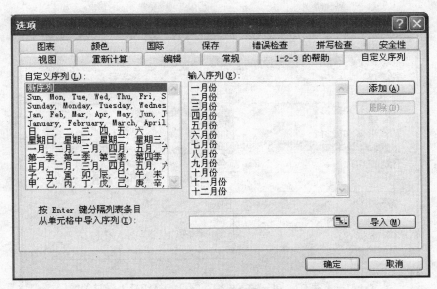

图 4.17　输入新序列

第五节　Excel 工作表的格式设置

虽然打印和印刷不是表格数据编辑和处理的根本目的，但必要的格式设置还是免不了的。输入和编辑完数据以后，对单元格进行一定的格式化操作，这样工作表看起来会更清楚、美观、大方。

一、设置常用格式

1．字符格式

我们可以通过对文本的属性进行设置，来改变文本的大小、字体、颜色、对齐方式等。设置字体格式的具体方法如下：

方法一：选定要设置字体的单元格或单元格区域（比如 A1 单元格）；右击选定单元格（或单元格区域），系统给出"快捷菜单"；单击"设置单元格格式"菜单选项，系统给出"单元格格式"对话框；选定"字体"选项卡（如图 4.18 所示），设置字体参数；单击"确定"命令按钮，即可完成字体格式设置操作（如图 4.19 所示）。

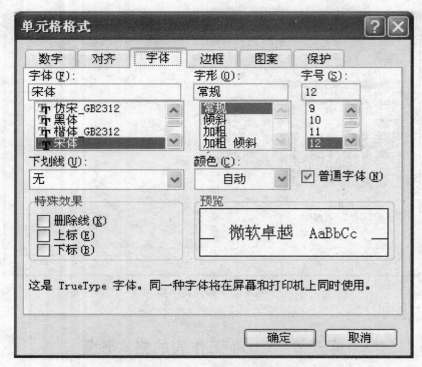

图 4.18　"单元格格式"对话框的"字体"选项卡

	A	B	C	D	E	F
1			销售表			
2		北京	上海	成都	西安	
3	一月份	500	600	300	400	
4	一月份	480	300	230	390	
5	一月份	520	500	380	380	
6	一月份	510	700	120	270	
7						
8						

图 4.19　字体设置的结果

方法二：选定要设置字体的单元格或单元格区域；单击"格式" | "单元格"菜单选项，系统给出"单元格格式"对话框；选定"字体"选项卡（如图4.18所示），设置字体参数；单击"确定"命令按钮，即可完成字体格式设置操作（如图4.19所示）。

方法三：选定要设置字体的单元格或单元格区域，直接使用"格式"工具栏中相关的命令按钮，也可完成字体格式设置操作（如图4.19所示）。

2. 单元格对齐方式

方法一：选定要设置字体的单元格或单元格区域；直接使用"格式"工具栏中相关的命令按钮（比如"左对齐"、"右对齐"、"居中对齐"等），即可完成单元格对齐方式设置操作。

方法二：选定要设置字体的单元格或单元格区域；单击"格式" | "单元格"菜

单选项，系统给出"单元格格式"对话框；选定"对齐"选项卡（如图 4.20 所示），设置单元格对齐方式和参数；单击"确定"命令按钮，即可完成设置操作（如图 4.21 所示）。

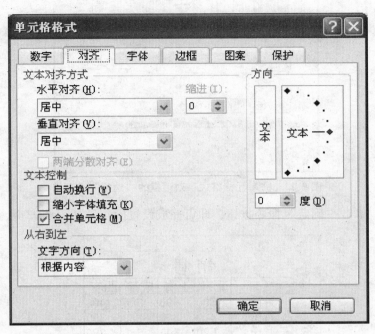

图 4.20 "单元格格式"对话框的"对齐"选项卡

图 4.21 "对齐方式"设置的结果

3．单元格边框和底纹

工作表本身是没有制表线的，可以通过对工作表的单元格边框和底纹进行设置，让工作表打印出来像一个表格。设置工作表单元格边框和底纹的具体方法如下：

步骤一：选定要设置边框和底纹的单元格或单元格区域。

步骤二：单击"格式"｜"单元格"菜单选项，系统给出"单元格格式"对话框。

步骤三：选定"边框"选项卡（如图 4.22 所示），设置单元格区域制表线的构成和属性。

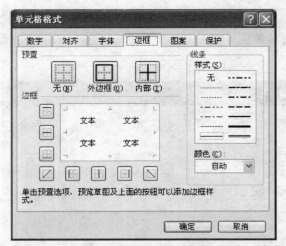

图 4.22 "单元格格式"对话框的"边框"选项卡

步骤四：单击"确定"命令按钮，即可完成设置操作（如图 4.23 所示）。

	A	B	C	D	E	F
1		销售表				
2		北京	上海	成都	西安	
3	一月份	500	600	300	400	
4	二月份	480	300	230	390	
5	三月份	520	500	380	380	
6	四月份	510	700	120	270	
7						

图 4.23 "边框"设置的结果

步骤五：在"单元格格式"对话框中，选定"图案"选项卡（如图 4.24 所示），设置单元格区域底纹属性。

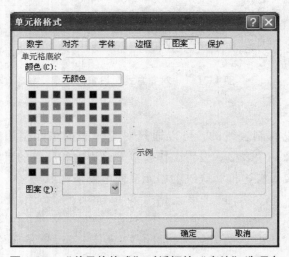

图 4.24 "单元格格式"对话框的"底纹"选项卡

步骤六：单击"确定"命令按钮，即可完成设置操作（如图4.25所示）。

	A	B	C	D	E	F
1		销售表				
2		北京	上海	成都	西安	
3	一月份	500	600	300	400	
4	二月份	480	300	230	390	
5	三月份	520	500	380	380	
6	四月份	510	700	120	270	
7						
8						

图4.25　"底纹"设置的结果

二、工作表的自动套用格式

Excel 2003 提供了一些工作表格式的模板，这些模板被称为"自动套用格式"。这些模板已对文本格式、数字格式、对齐方式、列宽、行高、边框和底纹等进行了设置。用户使用工作表的"自动套用格式"非常方便。具体操作步骤如下：

步骤一：选定要设置自动套用格式的单元格区域。

步骤二：单击"格式"｜"自动套用格式"菜单选项，系统给出"自动套用格式"对话框（如图4.26所示）。

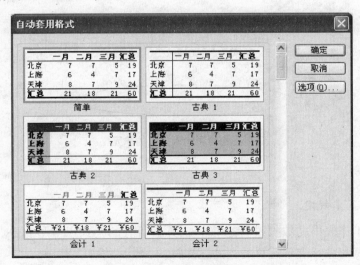

图4.26　"自动套用格式"对话框

步骤三：选定合适的格式。

步骤四：单击"确定"命令按钮，即可完成设置操作（如图4.27所示）。

图4.27 "自动套用格式"设置的结果

第六节 Excel 公式与函数

在工作表中，有一些数据不是原始数据，而是计算结果。下图"销售"表中的"合计"就是这样（如图4.28所示）。公式是 Excel 提供的计算工具。用户可以在单元格中填写公式，Excel 对公式进行计算后，会自动生成计算结果。

图4.28 需要输入公式的单元格

一、公式

1．关于公式的基本规定

公式是对工作表中的数据进行运算的工具。所有的公式以等号打头，等号后面跟参与运算的运算对象和表示运算类型的运算符。

运算对象可以是常量、单元格或单元格区域的引用、单元格或区域的名称、函数等。

2．公式中的运算符

公式中的运算符有以下四大类：

算术运算符：+（加）、-（减）、*（乘）、/（除）、^（乘方）、%（百分比）。

比较运算符：=（等于）、>（大于）、<（小于）、>=（大于等于）、<=（小

于等于）、＜＞（不等于）。

文本运算符：&（用于将两个文本连接成一个文本）。

引用运算符：冒号、空格、逗号。

冒号：用于定义一个单元格区域。

逗号：一种并集运算符，将多个引用合并为一个引用。

空格：一种交叉运算符，表示只计算各单元格区域之间互相重叠的部分。

3. 公式的输入

公式的输入方法是：先选定要输入公式的单元格（比如 B7 单元格）；然后输入求和公式"＝B3＋B4＋B5＋B6"，并敲击"回车"键（如图4.29 所示）。

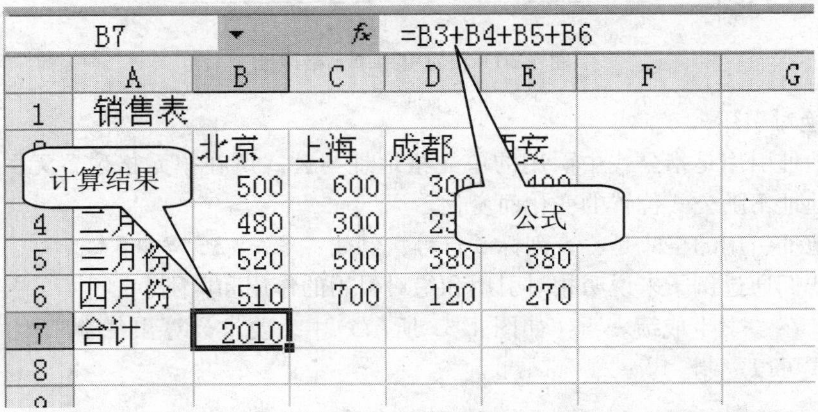

图4.29 公式和计算结果

4. 单元格引用

单元格引用是指 Excel 公式中使用单元格的地址来代替单元格。单元格的地址包括相对地址、绝对地址、混合地址三种。

（1）相对引用

相对地址引用是指公式所在的单元格和被引用的单元格之间的相对位置的单元格地址引用。在公式被复制或移动时，公式中被引用的单元格地址会发生变化，以保持和公式所在的单元格的相对位置不发生变化。

相对地址引用的格式是列标行号，例如 A1、B2、C3 等。

如图4.29 所示，B7 单元格中的公式引用的都是相对地址。因此，通过填充的方法复制 B7 单元格中的公式到 C7、D7、E7 中后，公式中引用的地址都发生了变化（如图4.30 所示）。

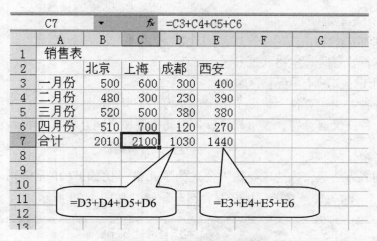

图 4.30　相对引用单元格地址

（2）绝对引用

绝对地址引用是指公式中引用的单元格地址与公式所在单元格位置无关。被引用的单元格地址不随公式位置的变化而变化。

绝对地址引用的格式是：＄列标＄行号，例如：＄A＄3，＄D＄1。

下面我们通过例子来说明相对引用和绝对引用的作用和区别。

例如：在"学生成绩表"（如图 4.31 所示）中，要求计算出每个学生的总成绩，并要求公式可以复制。

	A	B	C	D	E	F	G
1			学生成绩表				
2	学号	学生姓名	语文	数学	外语	总成绩	
3	cd0001	张廷	83	100	90		
4	cd0002	周千	95	92	95		
5	cd0003	薛罗	96	99	100		
6	cd0004	刘平	90	96	96		
7	cd0005	余玉	98	93	87		
8	cd0006	谢金	96	97	89		
9	cd0007	刘洋	99	100	100		
10	cd0008	李丽	87	89	85		
11							

图 4.31　学生成绩表

操作步骤如下：

步骤一：选中 F3 单元格，输入"＝C3＋D3＋E3"，计算出"张廷"的总成绩。

步骤二：填充 F3 单元格的公式到 F4：F10 单元格中，所有学生的总成绩都计算出来了（如图 4.32 所示）。

图 4.32 计算出总成绩的学生成绩表

说明：当 F3 单元格的公式复制到 F4 单元格时，公式会自动变为"= C4 + D4 + E4"。这就是相对引用的效果，公式会随着位置的变化而变化。

例如："学生成绩表 2"中（如图 4.33 所示），将"语文"成绩由百分制转换为一百五十分制。

图 4.33 学生成绩表 2

操作步骤如下：

步骤一：单击 G4 单元格，在 G4 单元格中输入公式：= C4 * ＄F＄2。

步骤二：填充 G4 单元格的公式到 G5：G11 单元格中，所有学生的一百五十分制语文成绩都计算出来了（如图 4.34 所示）。

图 4.34 计算结果

说明：在 G4 单元格中输入公式"＝C4＊＄F＄2"，这里的 F2 单元格地址就是绝对地址引用。在所有被复制生成的公式中，F2 的单元格地址是不变的。

（3）混合引用

混合地址引用是指行固定而列不固定，或列固定而行不固定的单元格引用。在单元格引用中，一部分是相对引用，一部分是绝对引用。

混合地址引用的格式是：＄列标行号、列标＄行号，例如：＄A3，D＄1。

二、函数

1. 函数简介

函数是预定义的内置公式。Excel 2003 程序提供了大量的已经预定义的函数，用户可以根据需要直接调用。

函数根据用途可以分为日期时间函数、文本函数、财务函数、逻辑函数、查找和引用函数、统计函数、信息函数、工程函数、数据库函数、数学和三角函数等。

2. 函数的格式

Excel 函数的基本格式是：函数名（参数 1，参数 2，……，参数 n）。其中函数名是每一个函数的唯一标识，它决定了函数的功能和用途。参数是一些可以变化的量，用圆括号括起来，相互之间用逗号隔开。例如 SUM（A1：B2），SUM（A1：A3，100）等。

3. 函数的输入方法

函数的输入方法包括"直接输入"和"插入函数"。

（1）直接输入函数

函数的输入和公式输入一样，先要输入一个"＝"，然后输入函数的名称，最后输入括号，在括号内输入所需的参数。

具体操作步骤如下：

步骤一：选定要输入函数的单元格（比如：图 4.29 中的 B7 单元格）。

步骤二：输入公式"＝SUM（B4：B6）"。

步骤三：敲击"回车"键，函数输入完成，单元格显示计算出来的结果。

（2）插入函数

步骤一：选定要输入函数的单元格（比如：图 4.29 中的 B7 单元格）。

步骤二：单击"插入"｜"函数"菜单选项，系统给出"插入函数"对话框（如图 4.35 所示）。

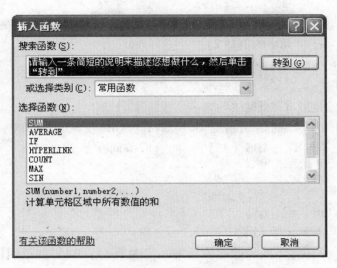

图 4.35 "插入函数"对话框

步骤三：选定要使用的函数，单击"确定"命令按钮，系统给出"函数参数"对话框（如图 4.36 所示）。

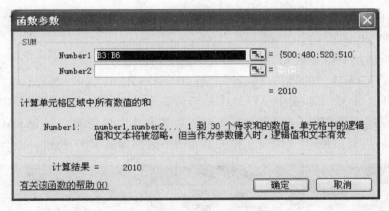

图 4.36 "函数参数"对话框

步骤四：确定自变量后，单击"确定"命令按钮，"插入函数"操作完成。

4. 常用函数介绍

（1） ABS （）

格式：ABS （n）

功能：返回给定数 n 的绝对值

举例：ABS （-100）返回 100。ABS （D2）返回 100（假设 D2 单元格的值是 100）。

（2） MOD （）

格式：MOD （n，d）

功能：返回 n 和 d 相除的余数

举例：MOD（10，3）的返回值是 1。MOD（A2，A3）的返回值是 2（假设 A2 单元格的值是 100，A3 单元格的值是 7）。

（3）SQRT（ ）

格式：SQRT（n）

功能：返回给定数 n 的平方根

举例：SQRT（10）的返回值是 3.162278。SQRT（SQRT（100））的返回值是 3.162278。SQRT（SQRT（ABS（A3）））的返回值同样是 3.162278（假设 A3 单元格的值是 -100）。

（4）SUM（ ）

格式：SUM（n1，n2，n3，…）

功能：返回所有给定数 n1、n2、n3、…之和

举例：SUM（3，4，5）的返回值是 12。SUM（A1：A4）的返回值是 10（假设：A1 单元格的值是 1，A2 单元格的值是 2，A3 单元格的值是 3，A4 单元格的值是 4，）。SUM（5，A1：A4）的返回值是 4005（假设：A1 单元格的值是 1000，A2 单元格的值是 2000，A3 单元格的值是 3000，A4 单元格的值是 4000）。

注意：给定数的个数大于等于 1。

（5）AVERAGE（ ）

格式：AVERAGE（n1，n2，n3…）

功能：返回所有给定数 n1、n2、n3、…之平均值

举例：AVERAGE（20,35,5）的返回值是 20。AVERAGE（100,200,SUM（300,400））的返回值是 333.3333（本式中 AVERAGE 函数有 3 个自变量）。AVERAGE（100,200,300,400）的返回值是 250（本式中 AVERAGE 函数有 4 个自变量）。AVERAGE（A1：A4，B2：C4,100）的返回值是 10（假设：相关单元格中数据如图 4.37 所示）。

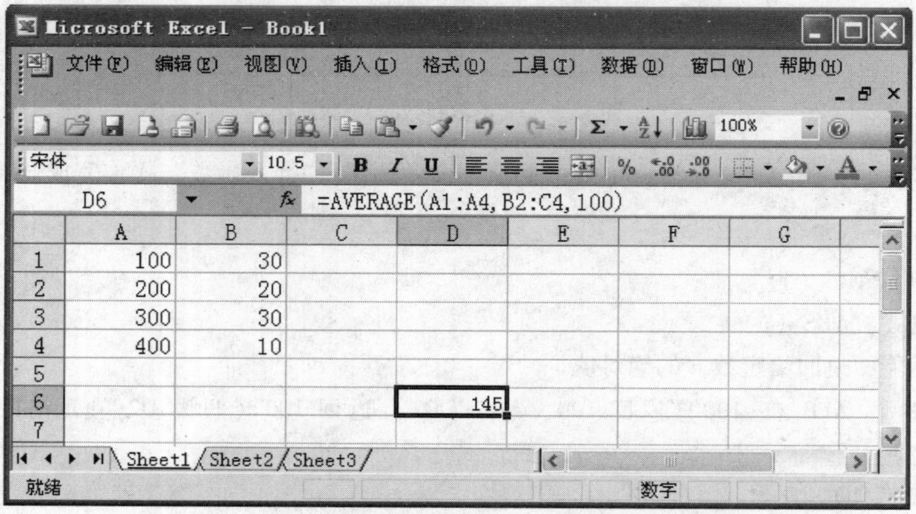

图 4.37　AVERAGE（A1：A4,B2：C4,100）函数返回值

（6）MAX（）

格式：MAX（n1，n2，n3，…）

功能：返回所有给定数 n1、n2、n3、…之最大值

举例：MAX（36，100，28）的返回值是 100。MAX（500，100，SUM（300，400））的返回值是 700。MAX（5，A1：A4）的返回值是 4000（假设：A1 单元格的值是 1000，A2 单元格的值是 2000，A3 单元格的值是 3000，A4 单元格的值是 4000）。

（7）MIN（）

格式：MIN（n1，n2，n3，…）

功能：返回所有给定数 n1、n2、n3、…之最小值

举例：MIN（36，100，28）的返回值是 28。MIN（500，100，SUM（300，400））的返回值是 100。MIN（5，A1：A4）的返回值是 5（假设：A1 单元格的值是 1000，A2 单元格的值是 2000，A3 单元格的值是 3000，A4 单元格的值是 4000）。

（8）COUNT（）

格式：COUNT（v1，v2，v3，…）

功能：返回所有给定数 v1、v2、v3、…中数值型数据的个数

举例：COUNT（A1:C4）的返回值是 8（假设：相关单元格中数据如图 4.38 所示）。

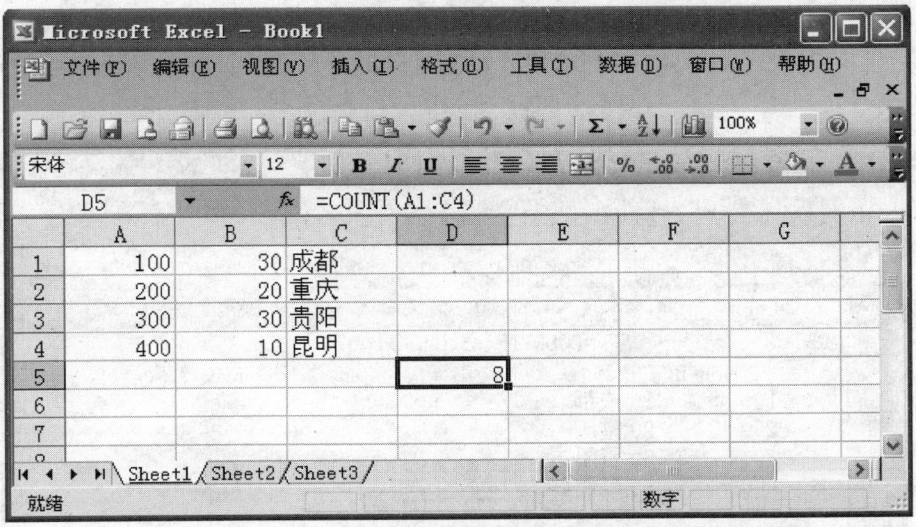

图 4.38　COUNT（A1:C4）函数的返回值

说明：COUNT（）统计的是数值数据的个数，不包含字符数据。

（9）COUNTA（）

格式：COUNTA（v1，v2，v3，…）

功能：返回所有给定数 v1、v2、v3、…中数据的个数

举例：COUNT（A1:C4）的返回值是 12（假设：相关单元格中数据如图 4.39 所示）。

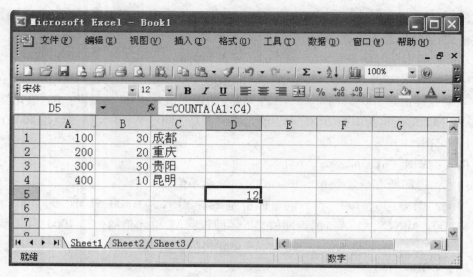

图4.39 COUNTA(A1:C4)函数的返回值

（10）COUNTIF（）

格式：COUNTIF（统计区域，条件）

功能：返回所有给定区域中满足条件的数值型数据的个数

举例：COUNT(A1:C4，"＞100")的返回值是3（假设：相关单元格中数据如图4.40所示）。

图4.40 AVERAGE(A1:A4,B2:C4,100)函数返回值

（11）RANK（）

格式：RANK（N，R）

功能：返回数字 n 在数字列 R 中的排名序数

举例：RANK(B1,B1:B20)的返回值是4（假设：相关单元格中数据如图4.41所示）。

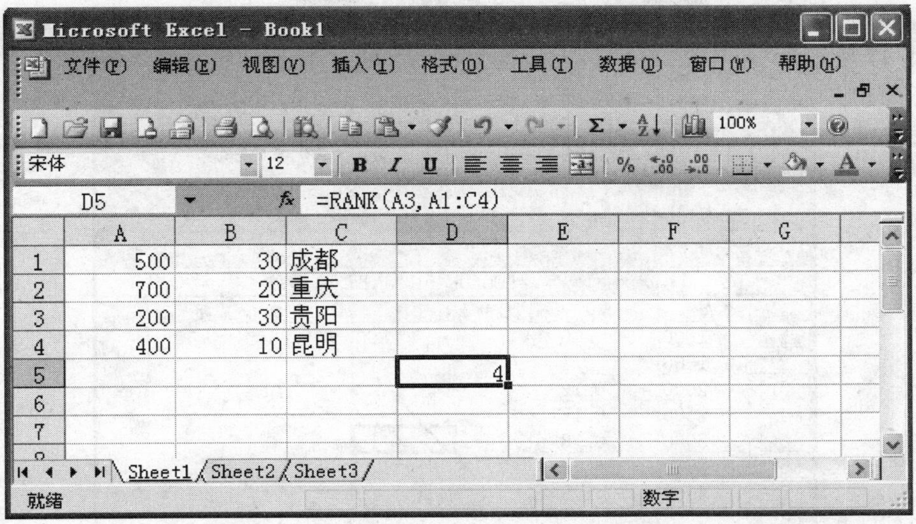

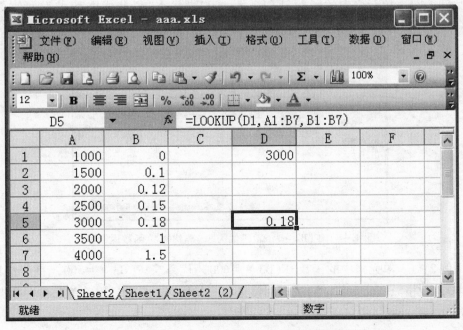

图 4.41　RANK(B1,B1:B20)函数返回值

（12）LOOKUP（）

格式：lookup（值，被查找区域，返回数据区域）

功能：将"值"拿到"被查找区域"中去比对，找到小于该值的最大数，返回对应"返回数据区域"中的值。

举例1：LOOKUP(D1,A1:A7,B1:B7)的返回值是 0.18（假设：相关单元格中数据如图 4.42 所示）。

图 4.42　LOOKUP(D1,A1:A7,B1:B7)函数返回值

举例2：LOOKUP(D1,A1:A7,B1:B7)的返回值是 0.15（假设：相关单元格中数据如图 4.43 所示）。小于 2800 的最大数是 2500，因此，找到的行是第 4 行。

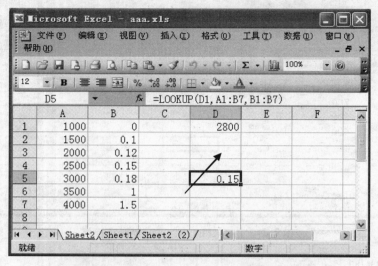

图 4.43　LOOKUP(D1,A1:A7,B1:B7)函数返回值

（13）IF（）

格式：IF（条件，第一个值，第二个值）

功能：首先判断条件是否满足。如果满足，函数将返回第一个值。如果不满足，函数将返回第二个值

举例1：C2 单元格中的函数 IF(B2 > =600,"优秀","非优秀")的返回值是"优秀"（假设：相关单元格中数据如图 4.44 所示）。

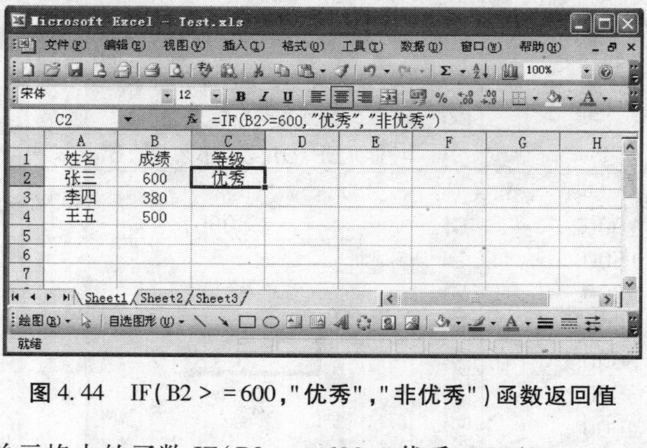

图 4.44　IF(B2 > =600,"优秀","非优秀")函数返回值

举例2：C3 单元格中的函数 IF(B3 > =600,"优秀",IF(B3 > =500,"良好",IF(B3 > =400,"及格","不及格")))的返回值是"不及格"（假设：相关单元格中数据如图 4.45 所示）。

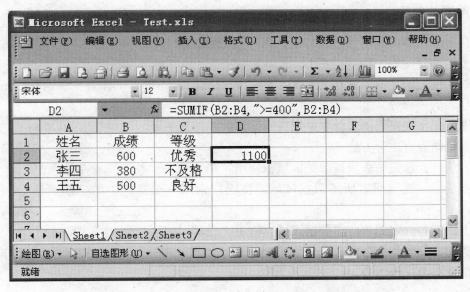

图 4.45　IF(B3 > = 600,"优秀",IF(B3 > = 500,"良好",IF(B3 > = 400,"及格","不及格")))
函数返回值

（14）SUMIF（）

格式：SUMIF（第一个数据区域，条件，第二个数据区域）

功能：在第一个数据区域中找到满足条件的单元格，累加符合条件的单元格的值。

举例：SUMIF(B2:B4," > = 400",B2:B4)的返回值是 1100（假设：相关单元格中数据如图 4.46 所示）。

图 4.46　SUMIF(B2:B4," > = 400",B2:B4) 函数返回值

（15）FACT（）

格式：SUMIF（整数）

功能：返回整数的阶乘。

举例：FACT（A1）的返回值是 120（假设：相关单元格中数据如图 4.47 所示）。

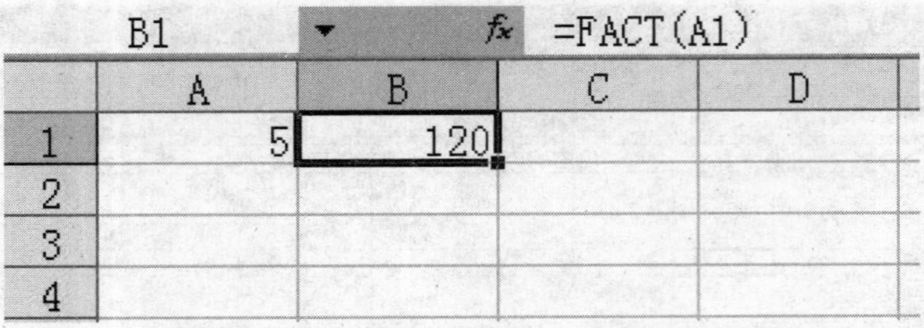

图 4.47 FACT（A1）函数返回值

第七节 Excel 图表

一、图表

图表是一种体现数据间大小关系和变化趋势的图形化表现形式。Excel 2003 提供了大量的图表类型，比如柱形图、折线图、饼图、条形图、面积图等。

二、图表的创建

在 Excel 2003 应用程序窗口中，用户可以创建两种形式的图表：一种是嵌入式图表，另一种是图表工作表。

如果创建的是嵌入式图表，则创建的图表被插入到现有工作表中。这样，图表将是工作表的一部分。

图表工作表是将图表独立绘制在一张新的工作表中。

创建图表有三种方法：

方法一：选定图表所需数据区域，使用"插入"｜"图表"菜单选项。

方法二：选定图表所需数据区域，使用"常用"工具栏中的"图表向导"命令按钮。

方法三：选定图表所需数据区域，使用"F11"功能键。

例如，下图是某公司上半年销售统计表（如图 4.48 所示），要求根据该工作表的数据创建一个柱形图表。

	A	B	C	D	E	F	G
1		某公司全国上半年销售统计表					
2				单位	台		
3		北京	上海	四川	山东	河北	广东
4	1月	411	778	546	456	213	879
5	2月	456	132	456	789	134	465
6	3月	436	456	123	464	233	456
7	4月	213	464	789	123	453	879
8	5月	789	721	769	764	523	456
9	6月	1333	1343	1657	1379	636	546
10	平均	606	649	723	663	365	614

图4.48　某公司上半年销售统计表

操作步骤如下：

步骤一：如图4.48所示，选定 A4：G10 单元格数据区域。

步骤二：单击"插入"｜"图表"菜单选项，系统给出"图表向导－4步骤之1－图表类型"对话框（如图4.49所示）。

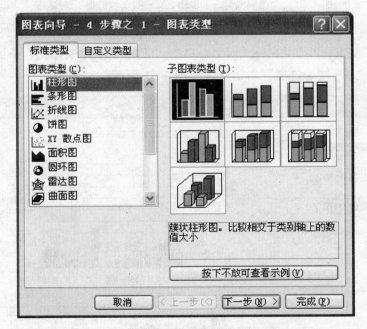

图4.49　"图表向导－4步骤之1－图表类型"对话框

步骤三：在"图表向导－4步骤之1－图表类型"对话框的"标准类型"选项卡中，选定"图表类型"列表框中的"柱形图"选项，在"子图表类型"列表框中选定"簇状柱形图"选项；单击"下一步"按钮，打开"图表向导－4步骤之2－图表源数据"对话框（如图4.50所示）。

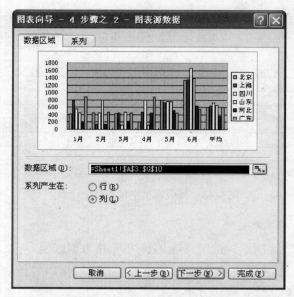

图 4.50　"图表向导－4 步骤之 2－图表源数据"对话框

步骤四：在"图表向导－4 步骤之 2－图表源数据"对话框中，可以重新选定数据区域，还可以选择系列产生在行或列上；单击"下一步"命令按钮，系统给出"图表向导－4 步骤之 3－图表选项"对话框（如图 4.51 所示）。

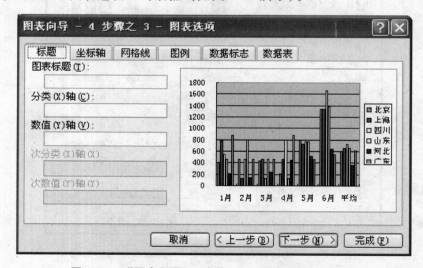

图 4.51　"图表向导－4 步骤之 3－图表选项"对话框

步骤五：在"图表向导－4 步骤之 3－图表选项"对话框中，设置图表的属性；单击"下一步"命令按钮，系统给出"图表向导－4 步骤之 4－图表位置"对话框（如图 4.52 所示）。

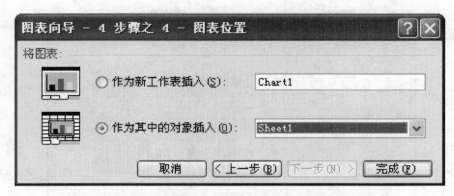

图 4.52　"图表向导 - 4 步骤之 4 - 图表位置"对话框

步骤六：选定图表创建方式（比如嵌入方式），单击"完成"命令按钮，图表创建完成（如图 4.53 所示）。

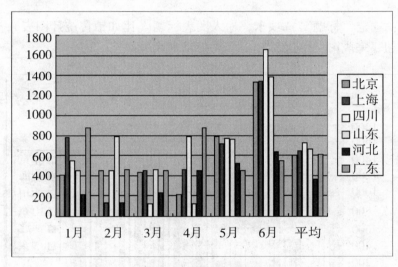

图 4.53　销售统计图表

三、编辑图表

用户在创建图表成功以后，还可以修改图表区的各种属性，比如更改图表的标题、编辑图表坐标轴、添加趋势线等。

1. 设置图表标题

设置图表标题包括设置图表标题的字体、图案和对齐方式等。操作步骤如下：

步骤一：右击图表空白区域，系统给出快捷菜单；单击"图标"菜单选项，系统给出"图表选项"对话框（如图 4.54 所示）。

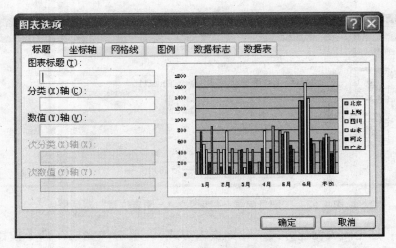

图 4.54 "图表选项"对话框

步骤二：选定"标题"选项卡，输入图表标题（比如销售统计图表），单击"确定"命令按钮，完成图表标题设置（如图 4.55 所示）。

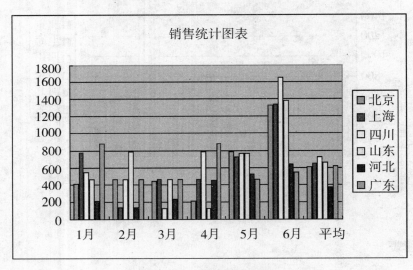

图 4.55 带标题的图表

2. 修改图表类型

创建图表后，如果需要更改图表类型，可以按如下操作步骤进行：

步骤一：右击图表空白区域，系统给出快捷菜单；单击"图表类型"菜单选项，系统给出"图表类型"对话框（如图 4.56 所示）。

图 4.56　"图表类型"对话框

　　步骤二：选定"图表类型"的"折线图"选项，选定"子图表类型"的"数据点折线图"选项；单击"确定"按钮，即完成了图表类型的转换操作（如图 4.57 所示）。

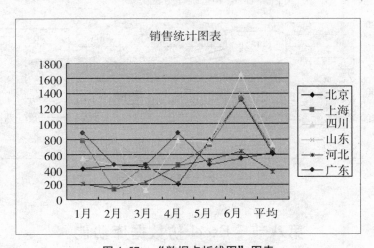

图 4.57　"数据点折线图"图表

3．添加趋势线

　　添加趋势线的操作步骤如下：

　　步骤一：选定要添加趋势线的数据系列。

　　步骤二：单击"图表"｜"添加趋势线"菜单选项，系统给出"添加趋势线"对话框（如图 4.58 所示）。

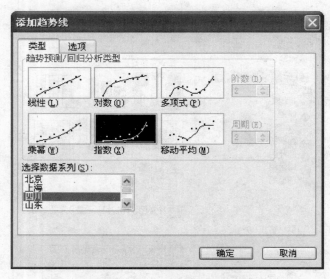

图 4.58　"添加趋势线"对话框

步骤三：在"添加趋势线"对话框中，选择趋势线类型和数据序列；单击"确定"命令按钮，即可完成趋势线的添加操作（如图 4.59 所示）。

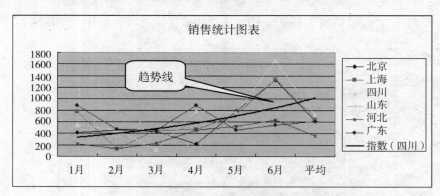

图 4.59　添加了趋势线的图表

第八节　Excel 仿数据库功能

工作表是二维的数据结构，这和关系型数据库的表非常类似。那 Excel 的工作表可以像关系型数据库的表一样进行数据处理吗？其实，Excel 2003 考虑到了这一点，它为用户提供了一些仿数据库表的操作功能，比如对工作表进行排序、筛选、分类汇总等操作。

一、排序

排序是指按一定的规则对数据进行整理和重新排列。排列的顺序有"升序"和

"降序"两种。

对工作表的数据进行排序有两种方法：

方法一：使用"数据" ｜ "排序"菜单选项。

方法二：使用"常用"工具栏中的"排序"命令按钮。

排序规则：数值按大小进行比较，英文文本数据按字母顺序比较，汉字字符按《新华字典》上的顺序比较，日期型数据按照日期先后顺序比较。

例如：对"综合学生成绩表"中的数据按总成绩降序排序（如图 4.60 所示），并且总成绩相同时按外语成绩降序排序。

	A	B	C	D	E	F	G	H
1			综合学生成绩表					
2	学号	学生姓名	语文	数学	外语	总成绩	排名	评级
3	cd0001	张廷	83	100	90	273	7	
4	cd0002	周千	95	92	95	282	3	
5	cd0003	薛罗	96	99	100	295	2	
6	cd0004	刘平	90	96	96	282	3	
7	cd0005	余玉	98	93	87	278	6	
8	cd0006	谢金	96	97	89	282	3	
9	cd0007	刘洋	99	100	100	299	1	
10	cd0008	李丽	87	89	85	261	8	

图 4.60 综合学生成绩表

操作步骤如下：

步骤一：选定要进行排序的单元格区域。

步骤二：单击"数据" ｜ "排序"菜单选项，系统给出"排序"对话框（如图 4.61 所示）。

图 4.61 "排序"对话框

步骤三：在"排序"对话框的"主要关键字"下拉式列表框中选定"总成绩"选项，在"次要关键字"下拉式列表框中选定"外语"选项；设置"主要关键字"和"次要关键字"均为降序排列。

步骤四：选定"有标题行"选项（表示标题行不参与排序），单击"确定"命令按钮，完成排序操作（如图 4.62 所示）。

	A	B	C	D	E	F	G	H
1	综合学生成绩表							
2	学号	学生姓名	语文	数学	外语	总成绩	排名	评级
3	cd0007	刘洋	99	100	100	299	1	
4	cd0003	薛罗	96	99	100	295	2	
5	cd0004	刘平	90	96	96	282	3	
6	cd0002	周千	95	92	95	282	3	
7	cd0006	谢金	96	97	89	282	3	
8	cd0005	余玉	98	93	87	278	6	
9	cd0001	张廷	83	100	90	273	7	
10	cd0008	李丽	87	89	85	261	8	

图 4.62　排序结果

二、筛选

筛选就是在设置筛选条件的前提下，显示满足条件的数据。

Excel 2003 提供了两种筛选方式：一种是自动筛选方式，另一种是高级筛选方式。

1. 自动筛选方式

对工作表进行自动筛选是：先在工作表的标题行上按列设置筛选列表框，然后通过筛选列表框进行筛选操作。

比如：在"某城市楼盘销售数据清单"表中（如图 4.63 所示），要求采用自动筛选的方法显示"九月份成华区小高层销售数量"。

	A	B	C	D	E
1	某城市楼房销售数据清单				
2	序号	时间	地区	房屋类型	销售量
3	1	九月	成华区	小高层	99
4	2	七月	金牛区	小高层	74
5	3	九月	锦江区	电梯	64
6	4	八月	金牛区	电梯	53
7	5	九月	金牛区	小高层	59
8	6	八月	锦江区	别墅	99
9	7	七月	锦江区	小高层	90
10	8	八月	金牛区	小高层	56
11	9	八月	成华区	别墅	98
12	10	七月	锦江区	电梯	87
13	11	九月	成华区	别墅	97
14	12	七月	金牛区	别墅	100

图 4.63　"某城市楼房销售数据清单"

操作步骤如下：

步骤一：选定"某城市楼房销售数据清单"工作表中的 A2：E14 单元格区域。

步骤二：单击"数据"｜"筛选"｜"自动筛选"菜单选项，系统创建筛选列表框（如图 4.64 所示）。

图 4.64 筛选列表框

步骤三：选定"时间"下拉式列表框中"九月"选项，选定"地区"下拉式列表框中的"成华区"选项，选定"房屋类型"下拉式列表框中的"小高层"选项，即可得最终的筛选结果（如图 4.65 所示）。

图 4.65 "自动筛选"结果

2. 高级筛选

高级筛选和自动筛选一样，都是对符合条件的数据行进行选取。但高级筛选不显示筛选下拉式列表框，而是在工作表单独的条件区域中输入筛选条件。

比如：还是在如图 4.63 所示的"某城市楼盘销售数据清单"表中，要求用高级筛选的方式显示出"七月小高层"和"八月别墅"的销售数据。

操作步骤如下：

步骤一：在工作表 G3：H5 单元格区域中输入筛选条件（如图 4.66 所示）。

图 4.66 输入"高级筛选"条件

步骤二：单击"数据"｜"筛选"｜"高级筛选"命令选项，系统给出"高级筛选"对话框（如图4.67所示）。

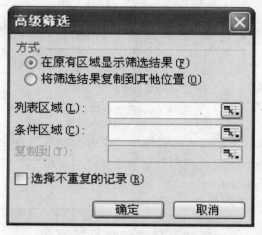

图4.67　"高级筛选"对话框。

步骤三：在"高级筛选"对话框中，在"列表区域"用鼠标选定A2：E14单元格区域；在"条件区域"用鼠标选定G3：H5单元格区域；单击"确定"按钮，出现"高级筛选"结果（如图4.68所示）。

	A	B	C	D	E
1	某城市楼房销售数据清单				
2	序号	时间	地区	房屋类型	销售量
4	2	七月	金牛区	小高层	74
8	6	八月	锦江区	别墅	99
9	7	七月	锦江区	小高层	90
11	9	八月	成华区	别墅	98

图4.68　"高级筛选"结果

3．撤销筛选

如果想要恢复显示所有数据，就要撤销筛选设置。撤销筛选的方法是：单击"数据"｜"筛选"｜"全部显示"菜单选项。

三、分类汇总

分类汇总的操作是：首先将工作表中的数据按某列上的值作为关键字进行分类，然后对相同类别（关键字的值相同）的行上的数据进行汇总（比如求和、求平均值和计数等）。

分类是什么？分类就是排序。如图4.63所示，如果按"销售量"排序，这是真的排序；而如果按"房屋类型"排序，排序的效果就是分类。

注意：分类汇总一定是先分类，后按分类的情况汇总才有意义。

1．插入分类汇总

　　比如：如图 4.63 所示，在"某城市楼房销售数据清单"工作表中，要求统计各地区销售量的平均值。

　　操作步骤如下：

　　步骤一：按"地区"列的值进行排序。

　　步骤二：单击"数据"菜单中的"分类汇总"命令，系统给出"分类汇总"对话框（如图 4.69 所示）。

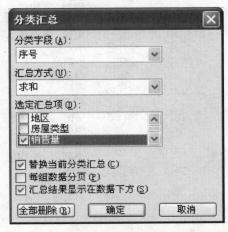

图 4.69　"分类汇总"对话框

　　步骤三：选定"分类字段"为"地区"，选定"汇总方式"为"平均值"，选定"选定汇总项"为"销售量"；单击"确定"命令按钮，系统给出分类汇总的结果（如图 4.70 所示）。

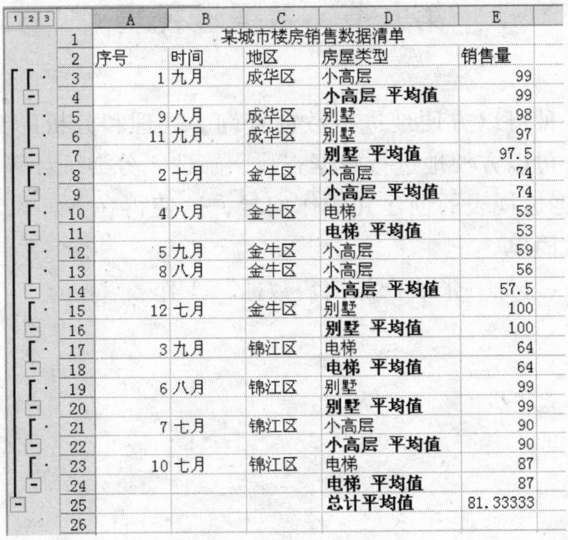

图 4.70　"分类汇总"的结果

2. 查看分类汇总

在显示分类汇总数据时，分类汇总数据左侧会显示级别按钮。可以点击这些级别按钮，调整分类汇总数据的显示（如图4.71所示）。

	A	B	C	D	E
1			某城市楼房销售数据清单		
2	序号	时间	地区	房屋类型	销售量
3	1	九月	成华区	小高层	99
4				**小高层 平均值**	99
7				**别墅 平均值**	97.5
9				**小高层 平均值**	74
11				**电梯 平均值**	53
12	5	九月	金牛区	小高层	59
13	8	八月	金牛区	小高层	56
14				**小高层 平均值**	57.5
15	12	七月	金牛区	别墅	100
16				**别墅 平均值**	100
17	3	九月	锦江区	电梯	64
18				**电梯 平均值**	64
20				**别墅 平均值**	99
22				**小高层 平均值**	90
23	10	七月	锦江区	电梯	87
24				**电梯 平均值**	87
25				**总计平均值**	81.33333

图 4.71 "分类汇总"分级显示

3. 删除分类汇总

在"分类汇总"对话框中，单击"全部删除"，即完成分类汇总的删除。

第九节 数据透视表

数据透视表是一种可以方便地进行数据查询、处理和分析的交互式的交叉表。在数据透视表中，用户可以方便地进行数据查找、筛选、分类统计等操作。

Excel 提供了数据透视表的创建和操作向导，这使得在 Excel 工作表中进行数据透视表的操作变得非常简单。

如图4.72所示，这是一张"产品销售数据"工作表。

	A	B	C	D	E	F	G
1			产品销售数据				
2	月份	部门	名称	人员	数量		
3	一月份	成都	笔记本电脑	李明	100		
4	三月份	上海	智能手机	狄克	289		
5	二月份	广州	台式电脑	蔡方	120		
6	一月份	上海	台式电脑	刘明	220		
7	一月份	广州	笔记本电脑	李丽	500		
8	四月份	成都	台式电脑	李华	270		
9	二月份	成都	智能手机	王正	90		
10	一月份	上海	智能手机	罗芳	100		
11	三月份	广州	笔记本电脑	张强	93		
12	三月份	成都	台式电脑	李果	56		
13	一月份	上海	智能手机	聂明	102		
14	四月份	广州	智能手机	方方	108		
15							

图4.72　"产品销售数据"工作表

第一步：选定要建立数据透视表的数据集合，单击"数据"｜"数据透视表和数据透视图"选项。系统给出"数据透视表和数据透视图向导——3步骤之1"对话框。这是一个向导过程。

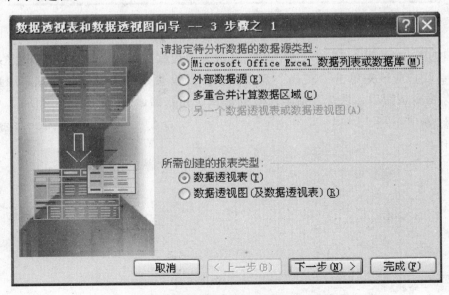

图4.73　数据透视表和数据透视图向导——3步骤之1

第二步：选定"Mirosoft Office Excel 数据列表或数据库"数据源类型，并选定"数据透视表"报表类型，单击"下一步"命令按钮。系统给出"数据透视表和数据透视图向导——3 步骤之 2"对话框（如图 4.74 所示）。

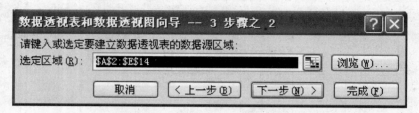

图 4.74　数据透视表和数据透视图向导——3 步骤之 2

第三步：如图 4.74 所示，用户可以重新选定数据区域（如果觉得前一步在选定数据区域时有误的话），或直接单击"下一步"命令按钮。系统将给出"数据透视表和数据透视图向导——3 步骤之 3"对话框（如图 4.75 所示）。

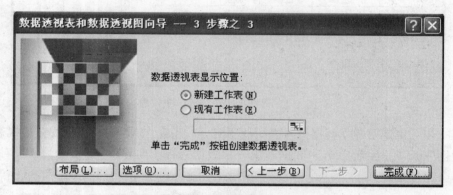

图 4.75　数据透视表和数据透视图向导——3 步骤之 3

第四步：在如图 4.75 所示的"数据透视表和数据透视图向导——3 步骤之 3"对话框中，用户应该先单击"布局"命令按钮，以设置数据透视表的样式。用户单击"布局"命令按钮后，系统会给出"数据透视表和数据透视图向导——布局"对话框（如图 4.76 所示）。

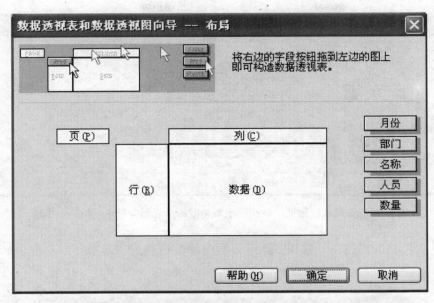

图 4.76　数据透视表和数据透视图向导——布局（设置前）

第五步：在如图 4.76 所示的"数据透视表和数据透视图向导——布局"对话框中，用户可以以将表格中的列名通过推动，放置在"页"、"行"、"列"、"数据"等位置。设置的结果，如图 4.77 所示。

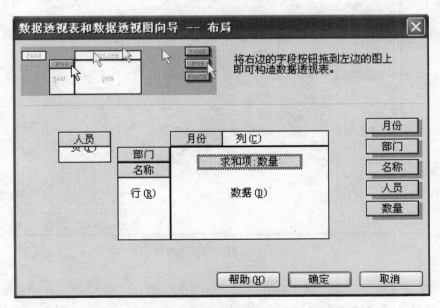

图 4.77　数据透视表和数据透视图向导——布局（设置后）

第六步：单击"确定"按钮，系统将返回"数据透视表和数据透视图向导——3步骤之 3"对话框，如图 4.78 所示。

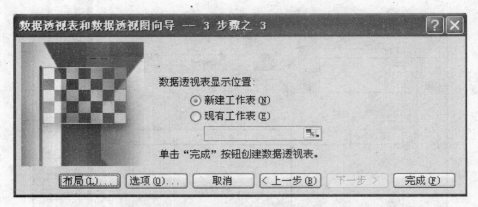

图 4.78　布局后返回到"数据透视表和数据透视图向导——3 步骤之 3"

第七步：单击"选项"按钮，系统将给出"数据透视表选项"对话框，如图 4.79 所示。

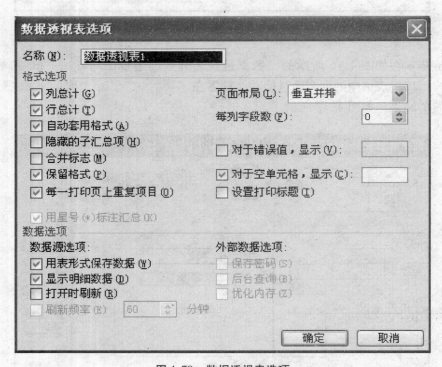

图 4.79　数据透视表选项

第八步：进行相关设置后，单击"确定"按钮，返回"数据透视表和数据透视图向导——3 步骤之 3"对话框，如图 4.80 所示。

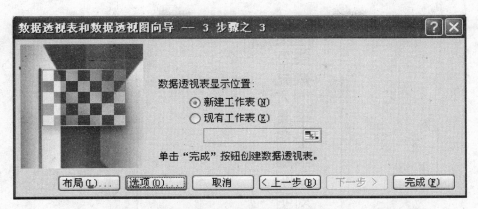

图 4.80　设置后返回到"数据透视表和数据透视图向导——3 步骤之 3"

第九步：选定"数据透视表显示的位置"为"新建工作表"，单击"完成"按钮。如图 4.81 所示，一张在新建的工作表中建立的数据透视表就显示出来了。

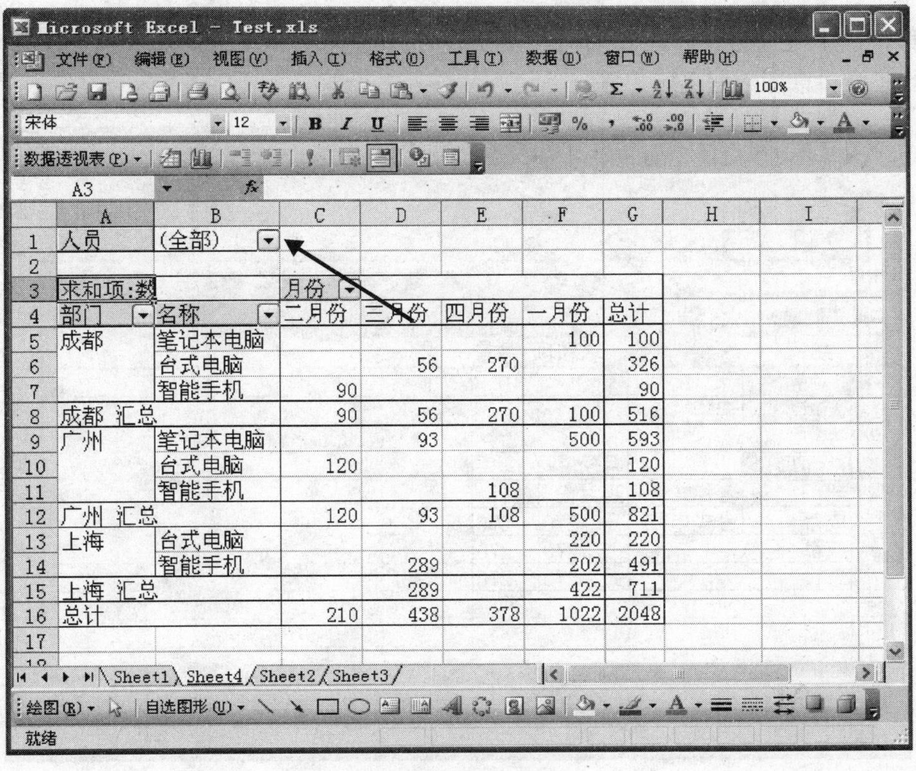

图 4.81　数据透视表

第十步：单击"人员"右边的下拉按钮，如图 4.82 所示，人员筛选列表展开。

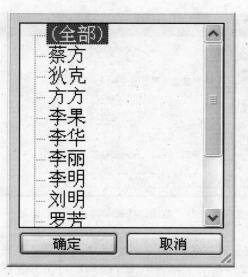

图4.82　人员列表

第十一步：选定"李华"，单击"确定"按钮。如图4.83所示，李华的销售情况及分类汇总和总计数据显示出来。

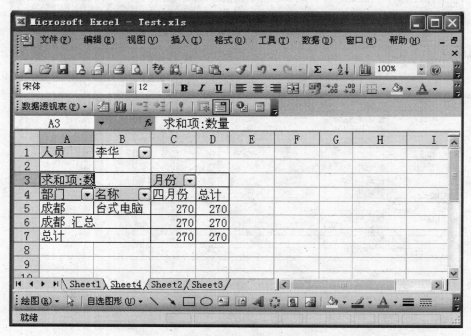

图4.83　查询和统计结果

Excel不仅支持创建和使用数据透视表，还支持创建和使用数据透视图。创建数据透视图的方法和创建数据透视表的基本相同。具体步骤如下：

第一步：如图4.84所示，在"数据透视表和数据透视图向导——3步骤之1"对话框中做如下选择后，单击"下一步"命令按钮。

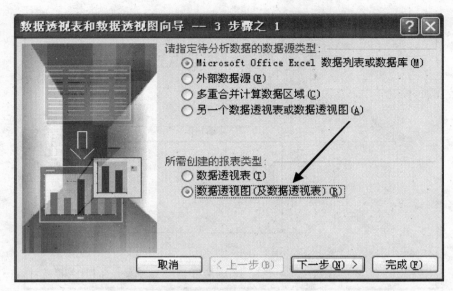

图 4.84　数据透视表和数据透视图向导——3 步骤之 1（数据透视图）

第二步：如图 4.85 所示，在"数据透视表和数据透视图向导——3 步骤之 2"对话框中，用户可以重新选定数据区域后单击"下一步"命令按钮，或直接单击"下一步"命令按钮。

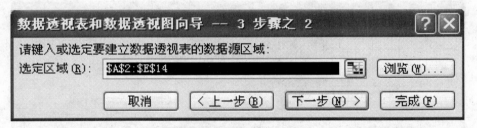

图 4.85　数据透视表和数据透视图向导——3 步骤之 2（数据透视图）

第三步：如图 4.86 所示，在"数据透视表和数据透视图向导——3 步骤之 3"对话框中，单击"布局"命令按钮。如图 4.87 所示，系统将给出"数据透视表和数据透视图向导——布局"对话框。

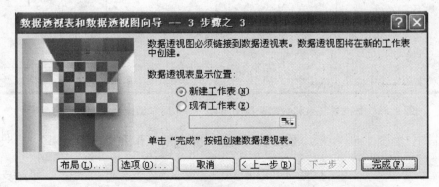

图 4.86　数据透视表和数据透视图向导——3 步骤之 3（数据透视图）

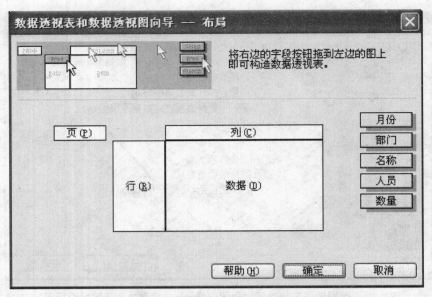

图 4.87　数据透视表和数据透视图向导——布局（数据透视图，设置前）

第四步：通过拖动，如图 4.88 所示，在"数据透视表和数据透视图向导——布局"对话框中，设置数据透视图的"布局"后，单击"确定"命令按钮。

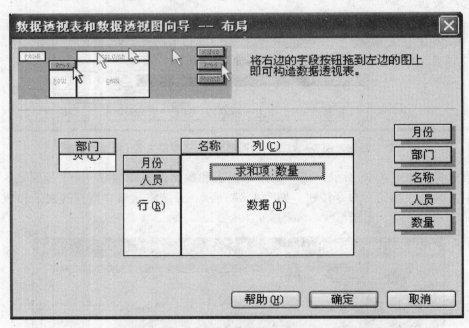

图 4.88　数据透视表和数据透视图向导——布局（数据透视图，设置后）

第五步：如图 4.89 所示，数据透视图在一张新的工作表中显示出来。

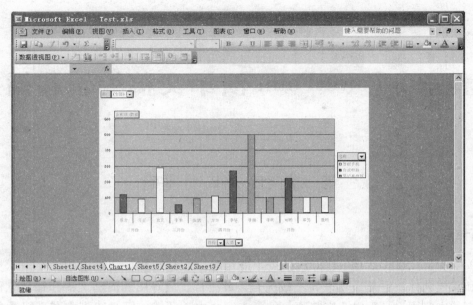

图 4.89　数据透视图

　　第六步：通过对数据透视图中的参数进行选择，如图 4.90 所示，数据透视图会以不同形状显示查询和统计结果。

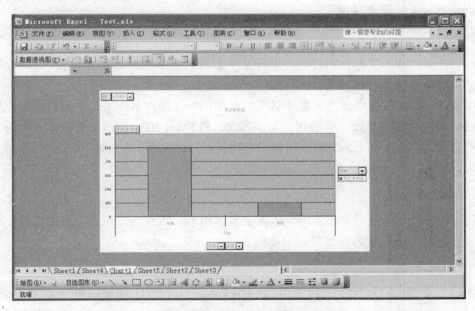

图 4.90　数据透视图的查询和统计结果

第五章 PowerPoint 演示文稿编辑和播放

第一节 PowerPoint 基础

一、什么是演示文稿

PowerPoint 2003 是 Office 2003 的一个应用程序，是微软公司推出的一个演示文稿制作和播放软件。它是当今世界上最优秀、最流行、最好用的演示文稿和播放软件之一。它的主要用途是编辑图文并茂、色彩丰富、生动活泼、极具表现力和感染力的幻灯片，并将幻灯片组合成演示文稿。它还可以支持通过投影仪、音响等外部设备，将演示文稿播放出来。因此，它在教学、演讲、报告、营销等场合被大量使用。

二、PowerPoint 的基本功能

1. 制作功能

PowerPoint 2003 具有在幻灯片上进行文字编辑、文字和段落格式设置、简单绘图、调色、多媒体信息整合等功能。

PowerPoint 2003 通用性强、易学易用，在 Windows 操作系统平台上运行，用户界面与 Windows 用户界面一致。它沿用了 Word 2003 和 Excel 2003 的图文表混排的方法，大多数熟悉 Word 2003 和 Excel 2003 的用户直接就可以使用 PowerPoint 2003 进行演示文稿的编辑。

2. 多媒体展示功能

PowerPoint 2003 演示文稿的内容包括文本、图形、图表、图片或有声图像等，并且它还具有较好的交互能力和效果演示功能。

3. Web 支持功能

在演示文稿的幻灯片上，用户可以利用 PowerPoint 2003 的超级链接和书签功能，指向另外一个对象、另外一个网页或另外一张幻灯片。PowerPoint 2003 还可以将被编辑的演示文稿另存为网页。

三、PowerPoint 应用程序窗口

PowerPoint 应用程序窗口包括标题栏、菜单栏、工具栏、任务窗口、工作区和大纲编辑窗口等（如图 5.1 所示）。

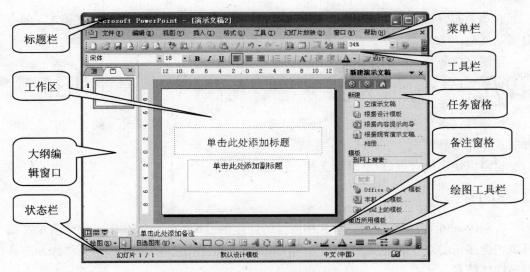

图 5.1　PowerPoint 应用程序窗口

1. 标题栏

　　标题栏上依次显示软件的名称（"Microsoft PowerPoint"）、当前被编辑文档的名称（"演示文稿 1"）、"最小化"、"最大化/还原"、"关闭"命令按钮。

2. 菜单栏

　　菜单栏中依次列出"文件"、"编辑"、"视图"、"插入"、"格式"、"工具"、"幻灯片放映"、"窗口"、"帮助"菜单。

3. 工具栏

　　工具栏上摆放了常用的命令按钮，一目了然，方便调用。

4. 任务窗格

　　利用这个窗口，可以完成编辑"演示文稿"的一些主要工作任务。

5. 工作区

　　工作区是显示和制作幻灯片，并编辑演示文稿的场所。

6. 大纲编辑窗口

　　在本区域中，通过"大纲视图"或"幻灯片视图"，可以快速查看整个演示文稿中的任意一张幻灯片。

第二节　PowerPoint 演示文稿的创建

一、演示文稿

PowerPoint 编辑和播放的文件是演示文稿。演示文稿的扩展名是".PPT"。

启动 PowerPoint 应用程序后，系统自动新建一个默认文件名为"演示文稿 1"的空白演示文稿。

新建空白演示文稿的操作步骤如下：

步骤一：单击"文件"｜"新建"菜单选项，系统给出"新建演示文档"窗格。

步骤二：在"新建演示文档"窗格中，单击"空演示文稿"选项。

步骤三：打开"幻灯片版式"任务窗格，在"应用幻灯片版式"列表框中选择一种版式，即可新建一个空白的演示文稿。

也可以使用组合键命令"Ctrl + N"创建演示文稿。

二、幻灯片

PowerPoint 的演示文稿由幻灯片构成，幻灯片是多媒体信息的载体。一个演示文稿可以包含多张幻灯片。一张幻灯片上可以包含文字、图形、图像、视频、动画、声音等多媒体信息。

新建幻灯片的操作步骤如下：

方法一：单击"插入"｜"新幻灯片"菜单选项（如图 5.2 所示），即可在当前被编辑的演示文稿中插入一个新的幻灯片。

图 5.2　展开的"插入"菜单

方法二：使用组合键命令"Ctrl + M"。

第三节　PowerPoint 幻灯片编辑

一、文本编辑

在幻灯片中，用户经常会用文字来说明自己的观点。在 PowerPoint 应用程序窗口中，添加文本的操作步骤如下：

步骤一：在占位符中单击鼠标（如图 5.3 所示），占位符中显示的文本将自动消失，并显示光标。

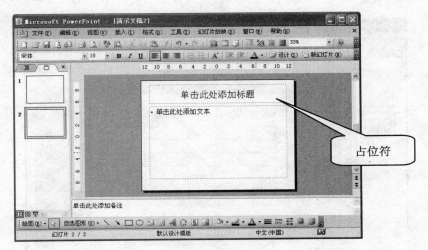

图 5.3　文本编辑

步骤二：根据光标的提示，输入需要的文本。

另外，在"普通视图"下，将鼠标定在左侧的窗格中，切换到"大纲"模式下。直接输入文本，也可进行幻灯片中的文本编辑。每输入完一个段落后，敲击"Enter"键，就可新建一张幻灯片。

在 PowerPoint 2003 应用程序窗口中，文本编辑的方法和在 Word 应用程序窗口中的方法是一样的。

二、表格编辑

在幻灯片中插入表格的具体操作方法如下：

第一步：单击"插入"｜"表格"菜单选项，系统给出"插入表格"对话框（如图 5.4 所示）。

图 5.4 "插入表格"对话框

第二步：在"插入表格"对话框中，输入要插入的表格的行数和列数。

第三步：单击"确定"命令按钮，表格被插入到幻灯片中（如图 5.5 所示）。

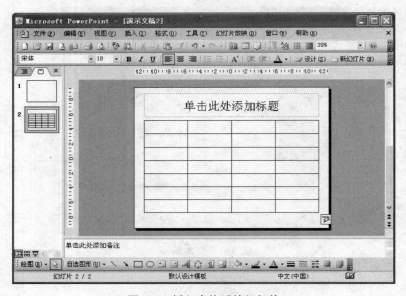

图 5.5 插入表格后的幻灯片

注：在幻灯片中编辑表格的方法和 Word 中编辑表格的方法是一致的。

三、多媒体信息整合

幻灯片是一个整合多媒体信息的载体。在幻灯片中可以插入图片、动画、视频、声音等。

1．插入图片

步骤一：单击"插入" | "图片" | "来自于文件"菜单选项，系统给出"插入图片"对话框（如图 5.6 所示）。

图 5.6 "插入图片"对话框

步骤二：在"插入图片"对话框中，选定图像文件的路径，选定图像文件，单击"插入"命令按钮，幻灯片中就插入了图像（如图 5.7 所示）。

图 5.7 在幻灯片中插入图片

注：该图像素材获取于西南财经大学网站，在此对图像摄制者表示感谢！

步骤三："插入"文本，并进行必要的格式设置（如图 5.8 所示）。

图 5.8　图文混合排版的效果

　　另外，和 Word 2003 应用程序一样，PowerPoint 2003 也支持手工绘制一些简单的图形。使用 PowerPoint 2003 绘制、编辑图形的操作方法和 Word 2003 是一致的。

2．插入声音

　　步骤一：单击"插入"｜"影片和声音"｜"文件中的声音"菜单选项，系统给出"插入声音"对话框（如图 5.9 所示）。

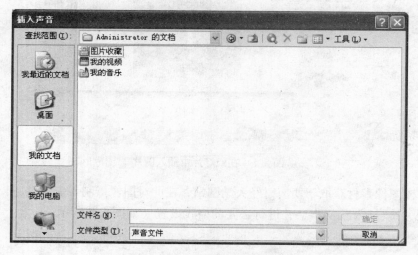

图 5.9　"插入声音"对话框

　　步骤二：选定声音文件的路径，选定声音文件，单击"插入"命令按钮，系统给出"声音播放方式设定"对话框（如图 5.10 所示）。

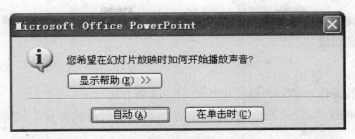

图 5.10 "声音播放方式设定"对话框

步骤三：设定声音播放方式，幻灯片中插入声音对象（如图 5.11 所示）。此幻灯片在播放时会按设置播放声音。

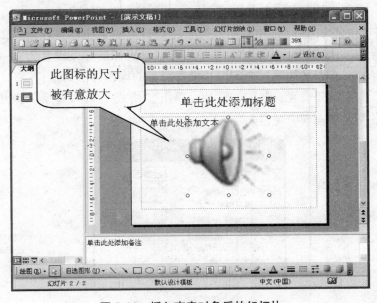

图 5.11 插入声音对象后的幻灯片

步骤四：右击声音对象图标，系统给出"快捷菜单"；单击"编辑声音对象"菜单选项，系统给出"声音选项"对话框（如图 5.12 所示）。

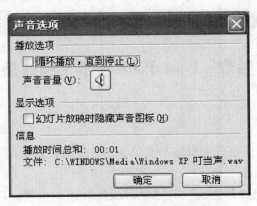

图 5.12 "声音选项"对话框

步骤五：在"声音选项"对话框中，设置声音对象的相关属性，单击"确定"命令按钮即可完成设置。

3．插入视频

插入视频的操作和插入声音的操作类似。具体方法如下：

步骤一：单击"插入"｜"影片和声音"｜"文件中的影片"菜单选项，系统给出"插入影片"对话框。

步骤二：选定视频文件的路径，选定视频文件，单击"插入"命令按钮，即可在幻灯片中插入视频对象。此幻灯片在播放时会播放视频。

四、幻灯片背景

白底黑字的幻灯片显得比较平淡。为了让幻灯片更加生动，在制作幻灯片时，可以为其设置背景，让幻灯片变得有声有色。幻灯片的背景可以设置为单一的、色彩渐变的、带纹理的、有图案的等。为幻灯片设置背景的操作方法如下：

步骤一：选定需要设置背景的幻灯片，单击"格式"｜"背景"菜单选项，系统给出"背景"对话框（如图5.13所示）。

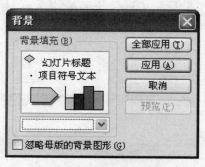

图5.13　"背景"对话框

步骤二：选定幻灯片背景色彩。

步骤三：单击"应用"命令按钮，被选定的幻灯片被染上色彩。

或者：单击"全部应用"命令按钮，所有幻灯片被染上色彩。

第四节　PowerPoint 演示文稿的播放

一、幻灯片的播放

PowerPoint 2003 不仅可以编辑演示文稿，而且还可以播放演示文稿。播放演示文稿的方法有三种。

方法一：单击"幻灯片放映"｜"观看放映"菜单选项，可以播放正在编辑的演示文稿。

　　方法二：使用功能键"F5"，可以播放正在编辑的演示文稿。

　　方法三：单击"幻灯片放映视图"（如图 5.14 所示），可以从正在编辑的演示文稿的当前幻灯片开始播放演示文稿。

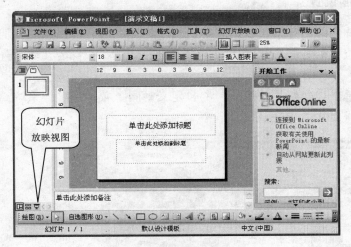

图 5.14　幻灯片播放模式

二、幻灯片切换设置

　　演示文稿播放时，幻灯片的切换是直接的。用户可以设置播放时的幻灯片切换方式，让幻灯片的切换过程显得生动有趣一点。幻灯片切换方式设置的操作步骤如下：

　　步骤一：右击幻灯片，系统给出"快捷菜单"。

　　步骤二：单击"幻灯片切换"菜单选项，系统给出"幻灯片切换"窗格（如图 5.15 所示）。

图 5.15　"幻灯片切换"窗格

　　步骤三：在"幻灯片切换"窗格中，设置切换的方式、切换的速度、切换时是否伴随有声音、切换条件、是否将切换方式应用于所有幻灯片等。

步骤四：单击"播放"查看切换设置的效果。

三、自定义动画设置

一张幻灯片内部的对象（包括文本、图片等）在幻灯片播放时如何出现是可以设置的。这个设置被称为幻灯片的"自定义动画"设置。"自定义动画"设置的具体操作步骤如下：

步骤一：单击"幻灯片放映"｜"自定义动画"菜单选项，系统给出"自定义动画"任务窗格（如图 5.16 所示）。

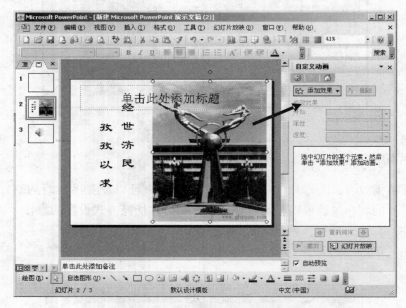

图 5.16 "自定义动画"任务窗格

步骤二：先选定幻灯片中的对象，然后在"自定义动画"任务窗格中设置动画效果（动画类型、激发条件、动画速度等），针对选定对象的动画设置就完成了。

在"自定义动画"任务窗格中，用户可以通过"播放"、"幻灯片放映"等命令按钮查看设置的结果。

第五节　PowerPoint 的模板和母版

一、演示文稿模板

PowerPoint 2003 提供了一些演示文稿模板，用户以这些模板为基础制作演示文稿既方便又漂亮，而且风格统一。

使用 PowerPoint 2003 自带的设计模板，制作演示文稿的具体操作如下：

步骤一：单击"格式"｜"幻灯片设计"菜单选项，系统给出"幻灯片设计"窗格（如图 5.17 所示）。

图 5.17　"幻灯片设计"窗格

步骤二：在"应用设计模板"列表框中选择合适的模板，单击展开指定模板列表框（如图 5.18 所示）。

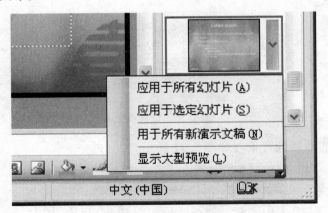

图 5.18　模板列表框

步骤三：选定应用模板的方式（全部幻灯片应用、一张幻灯片应用、新幻灯片应用等），幻灯片模板被演示文稿应用。

二、幻灯片母版

母版是指在每张幻灯片中相同的位置设置相同的内容，但是在幻灯片视图中不能改变的一种样式。设计母版包括在母版中设计幻灯片的背景、文本样式等。通过母版修改背景后，所有幻灯片都将应用同一个背景；设置标题中的文本样式后，所有幻灯片中的标题都将变为相同的样式。设置母版的背景和文本样式的方法如下：

步骤一：单击"视图"｜"母版"｜"幻灯片母版"菜单选项，进入幻灯片母版设置状态（如图 5.19 所示）。

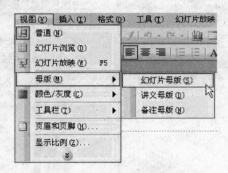

图 5.19　幻灯片母版

步骤二：单击"格式"｜"背景"菜单选项，系统给出"背景"对话框（如图 5.20 所示）。

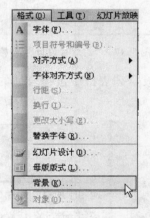

图 5.20　背景菜单

步骤三：设置母版的背景（如图 5.21 所示）。

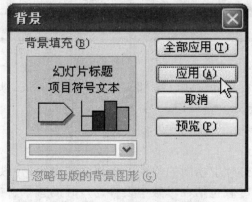

图 5.21　设置背景

步骤四：在幻灯片母版中，选中"自动版式的标题区"文本框中的"单击此处编辑母版标题样式"。

步骤五：设置幻灯片标题的字体、字号以及特殊效果（如图 5.22 所示）。

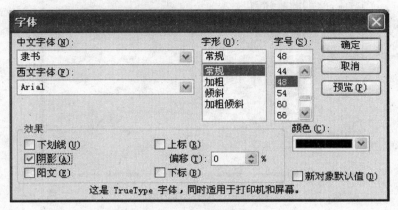

图 5.22　设置标题字体

步骤六：选择"视图"｜"页眉和页脚"菜单选项，打开"页眉和页脚"对话框（如图 5.23 所示）。

步骤七：单击"幻灯片"选项卡，选中"日期和时间"复选框和"自动更新"单选项（如图 5.24 所示）。

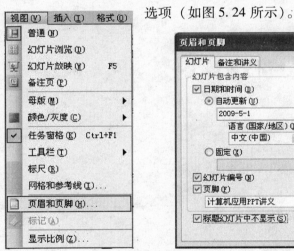

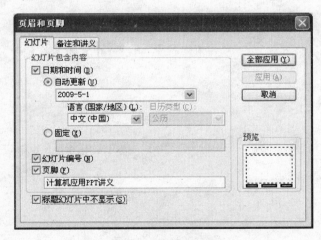

图 5.23　打开页眉页脚 　　　　　　　　图 5.24　页眉页脚设置

步骤八：选中"幻灯片编号"复选框，PowerPoint 将为幻灯片自动添加一个编号；选中"页脚"复选框，并在其下的文本框中输入页脚的内容，幻灯片母版设置完成（如图 5.25 所示）。

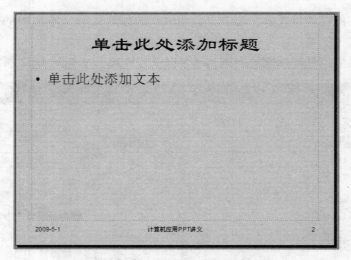

图5.25　设计之后的效果

注：如图5.24所示，如果选定"标题幻灯片中不显示"选项，前面设置的日期和时间、页脚等内容将不在幻灯片的首页显示。

第六章 计算机网络基础

第一节 计算机网络的基本概念

一、计算机网络的定义与功能

1. 计算机网络的定义

在计算机网络发展的不同阶段，人们根据对计算机网络的理解和侧重点的不同而提出了不同的定义。从计算机网络现状来看，我们以"资源共享"的观点，将计算机网络定义为：将相互独立的计算机系统用通信线路连接，按照"全网统一"的网络协议进行数据通信，从而实现网络资源共享的计算机系统的集合。

下面对上述定义中的"关键词"加以说明：

（1）相互独立的计算机系统：网络中各计算机系统具有独立的数据处理功能，既可以联网工作，也可以脱离网络独立工作；而且，在联网工作时，也没有明确的主从关系，即网内的一台计算机不能强制性地控制另一台计算机。从地理位置的分布来看，它们既可以相距很近，也可以相隔千里。

（2）通信线路：可以用多种传输介质实现计算机的互联，如双绞线、同轴电缆、光纤、微波、无线电等。

（3）"全网统一"的网络协议：网络协议，即全网中各计算机在通信过程中必须共同遵守的规则。这里强调的是"全网统一"。

（4）数据：可以是文本、图形、声音、图像等多媒体信息。

（5）资源：可以是网内计算机的硬件、软件和信息。

根据资源共享观点对计算机网络的定义，可以理解为什么说"主机—终端"系统不是一个真正意义上的计算机网络，因为终端没有独立处理数据的能力。

2. 计算机网络的功能

（1）资源共享

计算机网络最主要的功能是实现了资源共享。这里说的资源包括网内计算机的硬件、软件和信息。从用户的角度来看，网中用户既可以使用本地的资源，又可以使用远程计算机上的资源，如通过远程作业提交的方式，可以共享大型机的 CPU 和存储器资源。至于在网络中设置共享的外部设备，如打印机、绘图仪等，更是常见的硬件资源共享的例子。当网络在某台大型机上安装有大型软件包，如专用绘图软件，用户可以通过远程登录的方式登录到该大型机上去使用该软件，也可以在一台计算机上安装数据库供全网信息共享。

（2）数据通信

这是计算机网络提供的最基本的功能，指网络中的计算机与计算机之间交换各种数据和信息。

（3）分布式处理

利用计算机网络的技术，将一个复杂的大型计算问题分配给网络中的多台计算机，在网络操作系统的调度和管理下，由这些计算机分工协作来完成。此时的网络就像一个具有高性能的大中型计算机系统，能很好地完成复杂的处理，但费用却比大中型计算机低得多。

（4）提高了计算机的可靠性和可用性

在网络中，当一台计算机出现故障无法继续工作时，可以调用另一台计算机来接替完成计算任务。很显然，比起单机系统来，整个系统的可靠性大为提高。当一台计算机的工作任务过重时，可以将部分任务转交给其他计算机处理，使整个网络各计算机负担比较均衡，从而提高了每台计算机的可用性。

二、计算机网络的分类

可以从不同的角度对计算机网络进行分类，常见的有以下一些分类方法。

1. 根据网络的覆盖范围与规模划分

计算机网络按覆盖的地域范围与规模可以分为三类：局域网（LAN Local Area Network）、广域网（WAN Wide Area Network）与城域网（MAN Metropolitan Area Network）。

（1）局域网

局域网覆盖的地域范围有限，一般不超过几十千米。局域网的规模相对于城域网和广域网而言较小。常用于公司、机关、学校、工厂等有限范围内，将本单位的计算机、终端以及其他的信息处理设备连接起来，实现办公自动化、信息汇集与发布等功能。

（2）广域网

广域网也称为远程网。它可以覆盖一个地区、国家，甚至横跨几个洲而形成国际性的广域网络。目前大家熟知的因特网就是一个横跨全球、可公共商用的广域网络。除此之外，许多大型企业以及跨国公司和组织也建立了属于内部使用的广域网络。

（3）城域网

城域网所覆盖的地域范围介于局域网和广域网之间，包括从几十千米到几百千米的范围。城域网是随着各单位大量局域网的建立而出现的。同一个城市内各个局域网之间需要交换的信息量越来越大，为了解决它们之间信息的高速传输问题，政府提出了城域计算机网络的概念，并为此制定了城域网的标准。

值得注意的是，计算机网络因覆盖地域范围的不同，所采用的传输技术也是不同的，因而形成了各自不同的网络技术特点。

2．根据网络通信信道的数据传输速率划分

根据通信信道的数据传输速率高低不同，计算机网络可分为低速网络、中速网络和高速网络。有时也直接利用数据传输速率的值来划分，例如 10 Mbps 网络、100 Mbps 网络、1000 Mbps（1 Gbps）网络、10 000 Mbps（10 Gbps）网络。

3．根据网络的信道带宽划分

在计算机网络技术中，信道带宽和数据传输速率之间存在着明确的对应关系。这样一来，计算机网络又可以根据网络的信道带宽分为窄带网、宽带网和超宽带网。

第二节　局域网技术

一、局域网的定义与特点

1．局域网的定义

根据网络覆盖地理范围的大小，计算机网络可分为广域网、局域网和城域网。一般来说，局域网的定义为：在小范围内将多种通信设备相互连接起来构成的通信网络。

2．局域网的特点

由于数据传输距离远近的不同，广域网、局域网和城域网从基本通信机制上有很大的差异，各自具有不同的特点。局域网的主要特点可以归纳为：

（1）局域网覆盖一个有限的地理范围，如一个办公室、一幢大楼或几幢大楼之间的地域范围，适用于机关、学校、公司、工厂等单位，一般属于一个单位所有。

（2）局域网易于建立、维护和扩展。

（3）局域网中的数据通信设备是广义的，包括计算机、终端、电话机等多种通信设备。

（4）局域网的数据传输速率高、误码率低。目前局域网的数据传输速率在 10 Mbps ～ 10 000 Mbps 之间。

二、局域网的主要技术

局域网中涉及的主要技术因素包括网络拓扑结构、传输介质和介质访问控制方法。下面对局域网进行讨论时，主要也就是围绕这三个因素来展开。

1．网络拓扑结构

拓扑学是几何学的一个分支，它是把实体抽象成与其大小、形状无关的点，将点与点之间的连接抽象成线段，进而研究它们之间的关系。计算机网络中也借用这种方法，将网络中的计算机和通信设备抽象成结点，将结点与结点之间的通信线路抽象成链路。这样一来，计算机网络结构可以抽象成由一组结点和若干链路组成的几何图形，

即计算机网络拓扑结构。计算机网络拓扑结构是组建各种网络的基础。不同的网络拓扑结构涉及不同的网络技术，对网络性能、系统可靠性与通信费用都有重要的影响，所以建设计算机网络首先要设计网络的拓扑结构。

局域网在网络拓扑结构上主要采用了总线型、星型与树型结构。

（1）总线型拓扑结构

总线型拓扑结构的局域网（如图6.1所示）的结点都通过相应的网卡直接连接到一条公共传输介质（总线）上，如同轴电缆。所有的结点都通过总线来发送或接收数据。当一个结点向总线上"广播"发送数据时，其他结点以"收听"的方式接收数据。这种网中所有结点通过总线交换数据的方式是一种"共享传输介质"的方式。

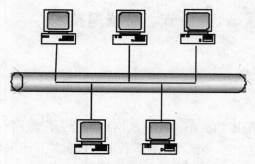

图6.1　总线型拓扑结构的局域网

总线型拓扑结构具有结构简单、实现容易的优点，但数据传输效率较低，尤其在重负载的情况下。

（2）星型拓扑结构

星型拓扑结构中存在着中心结点，每个结点通过点一点线路与中心结点连接，任何两结点之间的通信都要通过中心结点转接。典型的星型拓扑结构（如图6.2所示）具有结构简单、实现容易、易于扩展、传输速率较高的优点。但网络的可靠性与中央结点的可靠性紧密相关；中央结点一旦出现故障，将导致全网络瘫痪。这种结构的数据传输效率较低，尤其在重负载的情况下。

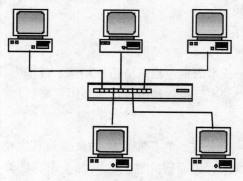

图6.2　星型拓扑结构

（3）树型拓扑结构

在树型拓扑结构中，结点按层次进行连接（如图6.3所示）。树型拓扑结构可以看成星型拓扑结构的扩展。它的扩展性能好，控制和维护方便，适用于汇集信息。企业内部网常由多个交换机和集线器级联构成树型结构。

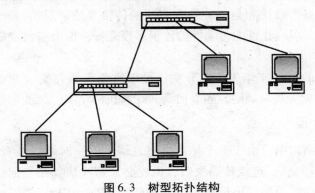

图6.3　树型拓扑结构

2．传输介质

传输介质是连接局域网中各结点的物理通路。在局域网中，常用的网络传输介质有双绞线、同轴电缆、光纤电缆与无线电。

（1）双绞线

双绞线由两根、四根或八根绝缘导线组成，两根为一线对组成一条通信链路。为了减少各线对之间的电磁干扰，各线对以均匀对称的方式，螺旋状扭绞在一起。

局域网中所使用的双绞线分为两类：屏蔽双绞线（STP，Shielded Twisted Pair）和非屏蔽双绞线（UTP，Unshielded Twisted Pair）。

屏蔽双绞线由外部保护层、屏蔽层与多对双绞线组成；非屏蔽双绞线则没有屏蔽层，仅由外部保护层与多对双绞线组成（如图6.4所示）。

图6.4　屏蔽双绞线和非屏蔽双绞线的结构

根据传输特性的不同，局域网中常用的双绞线可以分为五类。在目前典型的以太网中，非屏蔽双绞线因为其价格低廉，安装、维护方便和不错的性能而被广泛采用。常用的有第三类、第四类与第五类非屏蔽双绞线，简称为三类线、四类线与五类线，尤其以五类线使用为多。

（2）同轴电缆

同轴电缆由内导体、外屏蔽层、绝缘层及外部保护层组成（如图6.5所示）。同轴电缆可连接的地理范围较双绞线更宽，可达几千米至几十千米，抗干扰能力也较强，使用与维护非常方便，但价格较双绞线高。

图6.5　同轴电缆的结构

（3）光纤电缆

光纤电缆简称为光缆。一条光缆中包含多条光纤。每条光纤是由玻璃或塑料拉成极细的能传导光波的细丝，外面再包裹多层保护材料构成的。光纤通过内部的全反射来传输一束经过编码的光信号。光缆因其数据传输速率高、抗干扰性强、误码率低及安全保密性好的特点，被认为是一种最有前途的传输介质。目前，光纤主要有单模光纤与多模光纤两种。单模光纤的传输性能优于多模光纤，但价格也较昂贵。

（4）无线电

使用特定频率的电磁波作为传输介质，可以避免有线介质（双绞线、同轴电缆、光缆）的束缚，组成无线局域网。随着便携式计算机的增多，无线局域网越来越普及。

3．介质访问控制方法

在总线型拓扑结构中，由于多个结点共享总线，同一时刻可能有多个结点向总线发送数据而引起"冲突"，造成传输失败，因此必须解决诸如结点何时可以发送数据、如何发现总线上出现了冲突、出现冲突引起的错误如何处理等问题。解决这些问题的方法称之为介质访问控制方法。例如总线型以太网中采用载波监听多路访问/冲突检测（CSMA/CD）技术。

三、以太网

1．传统以太网

传统以太网的典型代表是 10Base-T 标准以太网。采用双绞线构建以太网，特别是采用非屏蔽双绞线构建的以太网，结构简单、造价低廉、维护方便，因而应用广泛。采用非屏蔽双绞线组建 10Base-T 标准以太网时，集线器（Hub）是以太网的中心连接设备（如图6.6所示）。

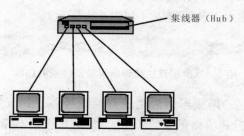

图6.6　10Base-T 以太网物理上的星型结构

从图6.6来看，10Base-T 以太网通过集线器与非屏蔽双绞线组成星型拓扑结构，其中集线器起着"总线"的作用，所以该网络仍通过"共享传输介质"方式进行数据交换，即仍需采用 CSMA/CD 介质访问控制方法来控制各计算机数据的发送。

2．交换式以太网

如果将传统以太网的中心结点置换成以太网交换机，则构成交换式以太网（如图6.7所示）。目前以太局域网交换机使用最多，相应类型有只支持 10Mbps 端口的、只支持 100Mbps 端口的、只支持 1000Mbps 端口的以太局域网交换机和带有 10Mbps/

100Mbps 端口自适应的以太局域网交换机。

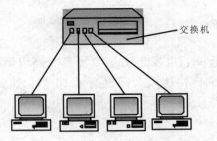

图 6.7　交换式以太局域网

3．传统以太网和交换式以太网的比较

　　传统以太网中数据经"总线"（如图 6.6 中的集线器）广播，采用 CSMA/CD 控制的工作方式，由于众多结点共享总线，故传输效率较低。以太网交换机可以有多个端口，每个端口可以单独与一个结点连接，也可以与一个共享式以太网的集线器 Hub 连接。从问题简化考虑，假设一个端口只连接一个结点，当某结点需要向另一结点发送数据时，交换机可以在连接发送结点的端口和连接接收结点的端口之间建立数据通道，实现收发结点之间的数据直接传递。同时，这种端口之间的数据通道可以根据需要同时建立多条，实现交换机端口之间的多个并发数据传输。它可以明显地增加局域网带宽，改善局域网的性能与服务质量。我们可以直观地看看传统以太网与交换以太网的工作原理的区别（如图 6.8 所示）。

(a)传统以太网　　　　　　　　　　　　　(b)交换以太网

图 6.8　传统以太网与交换以太网的工作原理比较

　　如果一个端口连接一个 10Base-T 以太网，那么这个端口的带宽将被一个以太网中的多个结点所共享，并且在该端口中仍要使用 CSMA/CD 介质访问控制方法。

四、高速以太网

　　目前高速以太网的数据传输速率已经从 10Mbps 提高到 100Mbps、1000Mbps、10 000Mbps。常用的高速以太局域网包括：

1．快速以太网

　　快速以太网是保持 10Base-T 局域网的体系结构与介质控制方法不变，设法提高局域网的传输速率。对于目前已大量存在的以太网来说，它可以保护现有的投资，因而获得广泛应用。快速以太网的数据传输速率为 100Mbps，保留着 10Base-T 的所有特征，但采用了若干新技术，如减少每比特的发送时间、缩短传输距离、采用新的编码方法等。

2. 千兆位以太网

千兆位以太网在数据仓库、电视会议、3D 图形与高清晰度图像处理方面有着广泛的应用前景。它的传输速率比快速以太网提高了 10 倍，达到 1000Mbps，但仍保留着 10Base-T 以太网的所有特征。

3. 万兆位以太网

万兆位以太网的传输速率比千兆位以太网提高了 10 倍，数据传输速率达到 10 000Mbps，但仍保留着 10Base-T 以太网的帧格式。这使得用户在网络升级时，能方便地和较低速率的以太网通信。

五、网络操作系统

1. 网络操作系统的基本概念

一台计算机必须安装操作系统软件。操作系统可以管理计算机的软硬件资源，为用户提供一个方便的使用界面。在局域网中，可以安装操作系统，以便在网络范围内来管理网络中的软硬件资源和为用户提供网络服务功能。管理一台计算机资源的操作系统称之为单机操作系统。单机操作系统只能为本地用户使用本机资源提供服务。可以管理局域网资源的操作系统称之为网络操作系统。它既可以管理本机资源，也可以管理网络资源；既可以为本地用户服务，也可以为远程网络用户服务。网络操作系统利用局域网提供的数据传输功能，屏蔽本地资源与网络资源的差异性，为高层网络用户提供共享网络资源、系统安全等多种网络服务。

2. 网络操作系统的类型

网络操作系统可以按其软件是否平均分布在网中各结点而分成对等结构和非对等结构两类。

所谓对等结构网络操作系统，是指安装在每个联网结点上的操作系统软件相同，局域网中所有的联网结点地位平等，并拥有绝对自主权。任何两个结点之间都可以直接实现通信。结点之间的资源如共享硬盘、共享打印机、共享 CPU 等都可以在网内共享。各结点的前台程序为本地用户提供服务，后台程序为其他结点的网络用户提供服务。典型的对等结构局域网如图 6.9（a）所示。对等结构网络操作系统虽然结构简单，但由于联网计算机既要承担本地信息处理任务，又要承担网络服务与管理功能，因此效率不高，仅适用于规模较小的网络系统。常用于对等结构网络的操作系统为 Windows 2000/2003 Professional。

目前，局域网中使用最多的是非对等结构网络操作系统。在流行的"服务器／客户机"网络应用模型中使用的网络操作系统就是非对等结构的，如图 6.9（b）所示。

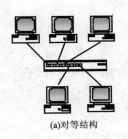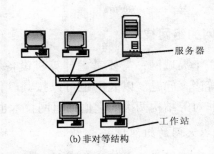

(a)对等结构　　　　　　　　　　　(b)非对等结构

图6.9　网络操作系统的对等结构和非对等结构

非对等结构网络操作系统的思想是将局域网中的结点分为网络服务器（Network Server）和网络工作站（Network Workstation）两类。它们通常简称为服务器（Server）和工作站（Workstation）。局域网中是否设置专用服务器是对等结构和非对等结构的根本区别。这种非对等结构能实现网络资源的合理配置与利用。服务器采用高配置与高性能的计算机，以集中方式管理局域网的共享资源。通过不同软件的设置，服务器可以扮演数据库服务器、文件服务器、打印服务器和通信服务器等多种角色，为工作站提供各种服务。工作站一般是 PC 微型机系统，主要为本地用户访问本地资源与网络资源提供服务。工作站又常因接受服务器提供的服务而称之为客户机（Client）。非对等结构网络操作系统软件的大部分在服务器上运行，它构成网络操作系统的核心；软件的另一小部分运行在工作站上。服务器上的软件性能，直接决定着网络系统的性能和安全性。

由此可见，典型的服务器/客户机模型局域网可以看成由网络服务器、工作站与通信设备三部分组成。

3．网络操作系统实例

目前，服务器/客户机模型中流行的网络操作系统主要有：Microsoft 公司的 Windows NT Server、Windows 2000 Server 操作系统，Novell 公司的 Net Ware 操作系统，IBM 公司的 LAN Server 操作系统，Unix 操作系统，Linux 操作系统。

Microsoft 公司的 Windows 2000 是目前使用相当普遍的一种网络操作系统。Windows 2000 包括 Windows 2000 Professional、Windows 2000 Server、Windows 2000 Advance Sever 和 Windows 2000 Data Center Server 四个产品。其中，Windows 2000 Server 运行在服务器上，Windows 2000 Professional 运行在客户机上。Windows 2000 Server 能为用户提供文件、打印、应用软件、Web 和通信等多种服务，性能优良、系统可靠、使用管理简单，常作为网络操作系统用于中小型局域网中。

目前，在实际的网络环境中，服务器上常采用 Windows 2000 Server、Net Ware 5、Unix、Linux 等操作系统，工作站上常采用 Windows 2000 Professional、Windows ME 等。按照服务器上安装的网络操作系统的不同，也可以对局域网进行分类。如使用 Windows NT Server 操作系统的局域网被称为"NT 网"，使用 Net Ware 操作系统的局域网系统被称为"Novell 网"。

六、以太网的组网技术

组建一个局域网，需要考虑计算机设备、网络拓扑结构、传输介质、操作系统和网络协议等诸多问题。以太网也可以按其软件是否平均分布在网中各结点，而分成对等结构和非对等结构两类。它们的组网技术也是不同的。

1. 对等式以太网的组网技术

双机互连可组成一个最小规模的对等式网络。其硬件只需要网卡和双绞线，网络连接简单（如图6.10所示）。

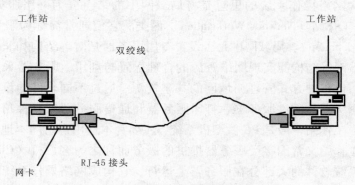

图6.10　双机互连对等式以太网网络结构

2. 非对等式以太网的组网技术

非对等式以太网目前流行的是服务器/客户机模式。下面介绍一个10Base-T以太网的组网结构。

如前所述，10Base-T以太网是采用以集线器（Hub）为中心的星型拓扑结构。组建10Base-T以太网使用的基本硬件设备包括服务器、工作站、带有RJ－45接口的以太网卡、集线器（Hub）、三类或五类非屏蔽双绞线（UTP）和RJ－45连接头。非屏蔽双绞线通过RJ－45连接头与网卡和集线器Hub相连。网卡与Hub之间的双绞线长度最大为100米。

下图是10Base-T以太网典型的物理结构（如图6.11所示）。

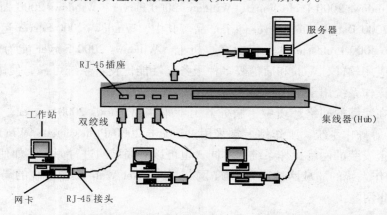

图6.11　以服务器/客户机模式工作的10Base-T以太网的网络结构

下面对组网中的主要设备加以简要说明。

（1）服务器

服务器是整个网络系统的核心，它能为工作站提供服务和管理网络，通常由性能和配置较高的 PC 机来充当，可通过软件设置成文件服务器、打印服务器等。一般的局域网最常用的是文件服务器。

（2）工作站

工作站是接入网络的设备，一般性能的 PC 机即可作为工作站来使用。

（3）网卡

网卡是网络接口卡（NIC，Network Interface Card）的简称。网卡通过插件方式连接到局域网中的计算机上，另一方面通过 RJ－45 接口连接到三类或五类双绞线上。

对于专用服务器，需要选用价格较贵、性能较高的服务器专用网卡。但对一般用户而言，多选用普通工作站网卡。网卡根据不同标准可分为多种类型。

按照网卡的传输速率可分为：10Mbps 网卡，100Mbps 网卡，10Mbps/100Mbps 自适应网卡（同时支持 10Mbps 与 100Mbps 的传输速率并能自动检测出网络的传输速率）、1000Mbps 网卡。

按网卡所连接的传输介质可分为：双绞线网卡、粗同轴电缆网卡、细同轴电缆网卡、光纤网卡。

由于网卡连接的传输介质不同，网卡提供的接口也不同：连接非屏蔽双绞线的网卡提供 RJ－45 接口，连接粗同轴电缆的网卡提供 AUI 接口，连接细同轴电缆的网卡提供 BNC 接口，连接光纤的网卡提供 F/O 接口。目前，很多网卡将几种接口集成在一块网卡上，以支持连接多种传输介质。例如有些以太网卡提供 BNC 和 RJ－45 两种接口。

图 6.11 中选用的是 10Mbps 带有 RJ－45 接口、支持 10Base-T 以太网的网卡。

注意：上述的普通工作站网卡仅适用于台式计算机，又称之为标准以太网卡。便携式计算机联网时使用的是另一种标准的网卡，即 PCMCIA 网卡。PCMCIA 网卡的体积大小和信用卡相似，目前常用的有双绞线连接和细缆连接两种。它仅能用于便携式计算机。

（4）局域网集线器

集线器（Hub）是 10Base-T 局域网的基本连接设备。网中的所有计算机都通过非屏蔽双绞线连接到集线器，构成物理上的星型结构。一般的集线器用 RJ－45 端口连接计算机，通常根据集线器型号的不同可以配 8、12、16、24 个端口。为了向上扩展拓扑结构，集线器往往还配有可以连接粗缆的 AUI 端口或可以连接细缆的 BNC 端口，甚至是光纤连接端口。

从结点到集线器的非屏蔽双绞线的最大长度为 100 米，如果局域网的范围不超过该距离并且规模很小，则用单一集线器即可构造局域网。如果局域网的范围超过该距离或者联网的结点数超过单一集线器的端口数，则需要采用多集线器级联，或者可堆叠式集线器（如图 6.12 所示）。

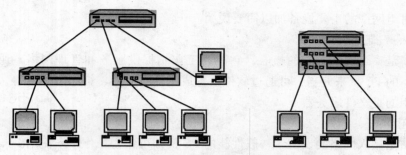

图 6.12　多集线器级联结构和堆叠式集线器结构

（5）RJ－45 接头

RJ－45 是专门用于连接非屏蔽双绞线（UTP）的设备，因其用塑料制作又称为水晶头。它可以连接双绞线、网卡和集线器，个头虽小，但在组建局域网时起着十分重要的作用。

第三节　因特网基础

因特网是全球性的、开放性的计算机互联网络。

因特网起源于美国国防部高级研究计划局（ARPA）资助研究的 ARPANET 网络。它最初仅用于科学研究、学术和教育领域，但随着全球规模的增大和市场需求的增长，自 1991 年起，开始了商业化应用，为用户提供了多种网络信息服务，使之发展更加迅猛。特别是 WWW（World Wide Web）这种因特网上全新的服务模式，使得用户可以通过浏览器进入许多公司、大学或研究所的 WWW 服务器系统中查询、检索相关信息。WWW 技术使 Internet 的应用达到了一个新的高潮，改变着人们的工作、学习和生活方式。

一、因特网的物理结构与工作模式

1. 因特网的物理结构

计算机网络从覆盖地域类型上可以分为广域网与局域网。它们都是单个网络。因特网是将许多的广域网和局域网互相连结起来构成的一个世界范围内的互联网络。网络中常见的互联设备有中继器、交换机、路由器和调制解调器。使用的传输介质有双绞线、同轴电缆、光缆、无线媒体。例如，校园网和企业网（都属于局域网）可以通过网络边界路由器，经数据通信专用线路和广域网相连而成为因特网中的一部分（如图 6.13 所示）。

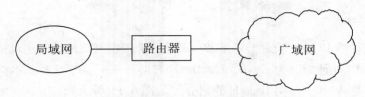

图 6.13　局域网通过广域网实现互联

　　路由器最主要的功能是路由选择，因为因特网中的路由器可能有多个连接的出口，所以如何根据网络拓扑的情况选择一个最佳路由，以实现数据的合理传输是十分重要的。路由器能完成选择最佳路由的操作。除此以外，路由器还应具有流量控制、分段和组装、网络管理等功能。局域网和广域网的连接必须使用路由器。路由器也常用于多个局域网的连接。

2．因特网的工作模式

　　因特网采用服务器/客户机（C/S，Server/Client）的工作模式。服务器以集中方式管理因特网上的共享资源，为客户机提供多种服务。客户机主要为本地用户访问本地资源与因特网资源提供服务。在客户机/服务器模式中，服务器接收到从客户机发来的服务请求，然后解释请求，并根据该请求形成查询结果，最后将结果返回给客户机。客户机接受服务器提供的服务。

二、IP 地址

　　因特网采用 TCP/IP 协议。所有连入因特网的计算机必须拥有一个网内唯一的地址，以便相互识别，就像每台电话机必须有一个唯一的电话号码一样。因特网上计算机拥有的这个唯一地址称为 IP 地址。

1．IP 地址结构

　　因特网目前使用的 IP 地址采用 IPv4 结构。按逻辑网络结构划分，一个 IP 地址划分为两部分：网络地址和主机地址。网络地址标识一个逻辑网络，主机地址标识该网络中一台主机（如图 6.14 所示）。

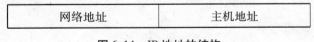

图 6.14　IP 地址的结构

　　IP 地址由因特网信息中心 NIC 统一分配。NIC 负责分配最高级的 IP 地址，并给下一级网络中心授权在其自治系统中再次分配 IP 地址。在国内，用户可向电信公司、ISP 或单位局域网管理部门申请 IP 地址。这个 IP 地址在因特网中是唯一的。如果是使用 TCP/IP 协议构成局域网，可自行分配 IP 地址。该地址在局域网内是唯一的，但对外通信时需经过代理服务器。

　　需要指出的是，IP 地址不仅标识主机，还标识主机和网络的连接。在 TCP/IP 协议中，同一物理网络中的主机接口具有相同的网络号，因此当主机移动到另一个网络时，它的 IP 地址需要改变。

2．IP 地址分类

IPv4 结构的 IP 地址长度为 4 字节（32 位）。根据网络地址和主机地址的不同划分，编址方案将 IP 地址划分为 A、B、C、D、E 五类——A、B、C 是基本类，D、E 类保留使用。下图是 A、B、C 类 IP 地址的划分（如图 6.15 所示）。

| A 类 | 0 | 网络地址（7bit） | 主机地址（24bit） |

| B 类 | 1 | 0 | 网络地址（14bit） | 主机地址（16bit） |

| C 类 | 1 | 1 | 0 | 网络地址（21bit） | 主机地址（8bit） |

图 6.15　IP 地址的分类

A 类地址用第 1 位为 0 来标识。A 类地址空间最多允许容纳 2^7 个网络，每个网络可接入多达 2^{24} 台主机，适用于少数规模很大的网络。

B 类地址用第 1～2 位为 10 来标识。B 类地址空间最多允许容纳 2^{14} 个网络，每个网络可接入多达 2^{16} 台主机，适用于国际性大公司。

C 类地址用第 1～3 位为 110 来标识。C 类地址空间最多允许容纳 2^{21} 个网络，每个网络可接入 2^8 台主机。适用于小公司和研究机构等小规模的网络。

IP 地址的 32 位通常写成 4 个十进制的整数，每个整数对应一个字节。这种表示方法称为"点分十进制表示法"。例如一个 IP 地址可表示为：202.115.12.11。

根据点分十进制表示方法和各类地址的标识，可以分析出 IP 地址的第 1 个字节即头 8 位的取值范围：A 类为 0～127，B 类为 128～191，C 类为 192～223。因此，从一个 IP 地址直接判断它属于哪类地址的最简单方法是，判断它的第一个十进制整数所在范围。下边列出了 A、B、C 类地址的起止范围：

A 类：1.0.0.0　～126.255.255.255（0 和 127 保留作为特殊用途）

B 类：128.0.0.0～191.255.255.255

C 类：192.0.0.0～223.255.255.255

3．特殊 IP 地址

（1）网络地址

当一个 IP 地址的主机地址部分为 0 时，它表示一个网络地址。例如 202.115.12.0 表示一个 C 类网络。

（2）广播地址

当一个 IP 地址的主机地址部分为 1 时，它表示一个广播地址。例如 145.55.255.255 表示一个 B 类网络"145.55"中的全部主机。

（3）回送地址

任何一个 IP 地址以 127 为第 1 个十进制数时，称为回送地址，例如 127.0.0.1。回送地址可用于对本机网络协议进行测试。

4. 子网和子网掩码

从 IP 地址的分类可以看出，地址中的主机地址部分最少有 8 位。对于一个网络来说，最多可连接 254 台主机（全 0 和全 1 地址不用），这往往容易造成地址浪费。为了充分利用 IP 地址，TCP/IP 协议采用了子网技术。子网技术把主机地址空间划分为子网和主机两部分，使得网络被划分成更小的网络——子网。这样一来，IP 地址结构则由网络地址、子网地址和主机地址三部分组成（如图 6.16 所示）。

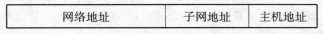

网络地址	子网地址	主机地址

图 6.16　采用子网的 IP 地址结构

当一个单位申请到 IP 地址以后，本单位的网络管理人员就负责划分子网。子网地址在网络外部是不可见的，仅在网络内部使用。子网地址的位数是可变的，由各单位自行决定。为了确定哪几位表示子网，IP 协议引入了子网掩码的概念。通过子网掩码将 IP 地址分为两部分：网络地址、子网地址部分和主机地址部分。

子网掩码是一个与 IP 地址对应的 32 位数字，其中的若干位为 1，另外的位为 0。IP 地址中和子网掩码为 1 的位相对应的部分是网络地址和子网地址，和为 0 的位相对应的部分则是主机地址。在子网掩码中，原则上 0 和 1 可以任意分布，不过一般在设计子网掩码时，多是将子网地址的开始连续的几位设为 1。

对于 A 类地址，对应的子网掩码默认值为 255.0.0.0，B 类地址对应的子网掩码默认值为 255.255.0.0，C 类地址对应子网掩码默认值为 255.255.255.0。

三、域名

采用点分十进制表示的 IP 地址不便于记忆，也不能反映主机的相关信息，于是 Internet 中采用了层次结构的域名系统 DNS（Domain Name System）来协助管理 IP 地址。

1. 域名的层次结构

Internet 域名具有层次型结构。整个 Internet 被划分成几个顶级域，每个顶级域规定了一个通用的顶级域名。顶级域名采用两种划分模式：组织模式和地理模式。组织模式分配有几种（如表 6.1 所示）。地理模式的顶级域名采用两个字母缩写形式来表示一个国家或地区。例如："cn"代表中国，"us"代表美国，"jp"代表日本，"uk"代表英国，"ca"代表加拿大等。

表 6.1　Internet 顶级域名组织模式分配

顶级域名	com	edu	gov	int	mil	net	org
分配情况	商业组织	教育机构	政府部门	国际组织	军事部门	网络支持中心	各种非营利性组织

因特网信息中心 NIC 将顶级域名的管理授权给指定的管理机构，由各管理机构再为其子域分配二级域名，并将二级域名管理授权给下一级管理机构。依此类推，构成

一个域名的层次结构。由于管理机构是逐级授权的，各级域名最终都得到网络信息中心 NIC 的承认。

因特网中的主机域名也采用一种层次结构，从右至左依次为顶级域名、二级域名、三级域名等，各级域名之间用点"．"隔开。每一级域名由英文字母、符号和数字构成。总长度不能超过 254 个字符。主机域名的一般格式为：

……．四级域名．三级域名．二级域名．顶级域名

如北京大学的 WWW 网站域名为 www. pku. edu. cn。其中"cn"代表中国（China），"edu"代表教育（Education），"pku"代表北京大学（Peking University），"WWW"代表提供 WWW 信息查询服务。

域名已经成为接入因特网的单位在因特网上的名称。人们通过域名来查找相关单位的网络地址。由于域名的设计往往和单位、组织的名称有联系，所以它和 IP 地址比较起来，记忆和使用都要方便得多。

2. 我国的域名结构

我国的顶级域名"．cn"由中国互联网信息中心 CNNIC 负责管理。顶级域 cn 按照组织模式和地理模式被划分为多个二级域。对应于组织模式的包括 ac、com、edu、gov、net、org，对应于地理模式的是行政区代码。下面列举了我国二级域名对应于组织模式的分配情况（如表 6.2 所示）。

表 6.2　我国二级域名对应于组织模式的分配

二级域名	ac	com	edu	gov	net	org
组织模式	科研机构	商业组织	教育机构	政府部门	网络支持中心	各种非营利性组织

中国互联网信息中心 CNNIC 将二级域名的管理权授予下一级的管理部门进行管理。例如，将二级域名 edu 的管理授权给 CERNET 网络中心。CERNET 网络中心又将 edu 域划分成多个三级域，各大学和教育机构均注册为三级域名，如"swufe"代表西南财经大学。西南财经大学网络中心可以继续对三级域名 swufe 按学校管理需要分成多个四级域，并对四级域名进行分配，例如："cs"表示信息学院，"WWW"表示一台服务器等。

3. 域名解析和域名服务器

域名相对于主机的 IP 地址来说，便于用户记忆。但在数据传输时，因特网上的网络互联设备却只能识别 IP 地址，不能识别域名。因此，当用户输入域名时，系统必须要能够根据主机域名找到与其相对应的 IP 地址，即将主机域名映射成 IP 地址，这个过程称为域名解析。

为了实现域名解析，需要借助于一组既独立又协作的域名服务器（DNS）。域名服务器是一个安装有域名解析处理软件的主机，在因特网中拥有自己的 IP 地址。因特网中存在着大量的域名服务器，每台域名服务器中都设置了一个数据库，其中保存着它所负责区域内的主机域名和主机 IP 地址的对照表。由于域名结构是有层次性的，域名

服务器也构成一定的层次结构（如图 6.17 所示）。

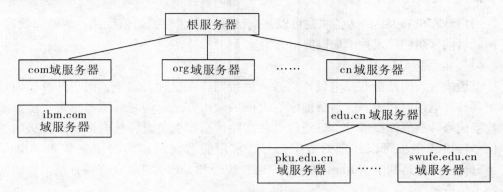

图 6.17 域名服务器的层次结构

四、因特网的接入

1. 因特网服务提供者

因特网服务提供者（ISP，Internet Service Provider）能为用户提供因特网接入服务，是用户接入因特网的入口点。另外，ISP 还能为用户提供多种信息服务，如电子邮件服务、信息发布代理服务等。

ISP 和因特网相连，位于因特网的边缘，用户借助 ISP 便可以接入因特网。目前，各个国家和地区都有自己的 ISP。我国的四大互联网运营机构 CHINANET、CERNET、CSTNET、GBNET 在全国的大中型城市都设立了 ISP，例如：CHINANET 的 "163" 服务、CERNET 对各大专院校及科研单位的服务等。除此之外，还有许多由四大互联网延伸出来的 ISP。

从用户角度来看，只要在 ISP 成功申请到账号，便可成为合法的用户而使用因特网资源。用户的计算机必须通过某种通信线路连接到 ISP，再借助于 ISP 接入因特网。下面是用户计算机通过 ISP 接入因特网的示意图（如图 6.18 所示）。

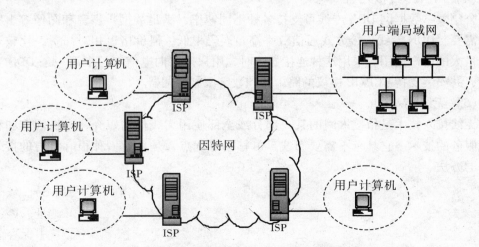

图 6.18 用户计算机通过 ISP 接入因特网的示意图

2. Internet 接入技术

用户计算机和 ISP 的通信线路可以是电话线、高速数据通信线路、本地局域网等。下面就目前常用的接入技术加以简单介绍。

（1）电话拨号接入

电话拨号入网是指通过电话网络接入因特网。在这种方式下，用户计算机通过调制解调器和电话网相连。这是目前家庭上网的常用方法。调制解调器负责将主机输出的数字信号转换成模拟信号，以适应电话线路传输，也负责将从电话线路上接收的模拟信号转换成主机可以处理的数字信号。常用的调制解调器的速率是 28.8Kbps 和 33.6Kbps，也有达到了 56Kbps 的。用户通过拨号和 ISP 主机建立连接，就可以访问因特网上的资源。

（2）非对称数字用户线接入

非对称数字用户线（ADSL）是目前广泛使用的一种接入方式。ADSL 可在无中继的用户环路网上通过使用标准铜芯电话线———一对双绞线，采用频分多路复用技术实现单向高速、交互式中速的数字传输以及普通的电话业务。其下行（从 ISP 到用户计算机）速率可高达 8Mbps，上行（从用户计算机到 ISP）速率可达 640Kbps ~ 1Mbps，传输距离可达 3 ~ 5 千米。

ADSL 接入充分利用现有的大量的市话用户电缆资源，可同时提供传统业务和各种宽带数据业务，且两类业务互不干扰。用户接入方便，仅需要安装一台 ADSL 调制解调器即可。

（3）局域网接入

目前许多公司、学校和机关均已建立了自己的局域网，通过一个或多个边界路由器将局域网连入因特网的 ISP。用户只需要将自己的计算机通过局域网卡正确接入局域网，然后对计算机进行适当的配置，包括正确配置 TCP/IP 协议中的相关地址等参数，就可以访问因特网上的资源。

（4）DDN 专线接入

公用数字数据网 DDN 专线可支持各种不同速率，满足数据、声音和图像等多种业务的需要。DDN 专线连接方式通信效率高，误码率低，但价格也相对昂贵，比较适合业务量大的用户使用。采用这种连接方式时，用户需要向电信部门申请一条 DDN 数字专线，并安装支持 TCP/IP 协议的路由器和数字调制解调器。

（5）无线接入

无线接入技术是指接入网的某一部分或全部使用无线传输媒介，提供固定和移动接入服务的技术。它具有不需要布线、可移动等优点，是目前一种很有潜力的接入因特网的方法。

第四节　因特网服务项目

一、电子邮件

电子邮件是网络上人们模仿传统邮件传递信息的方式，它是 Internet 提供和使用最为广泛的服务之一。电子邮件服务的特点是信息的发布者和接受者之间不需要实时的交互。和传统邮件传递信息的方式比较，电子邮件不仅速度快、费用低，而且可以传递声音、图像等信息。

用户要使用电子邮件传递信息，必须要有电子邮件信箱。电子邮件信箱可以通过申请免费得到（或付费得到），电子邮件信箱是由电子邮件服务器提供的。标识电子邮件信箱的信息叫"电子邮件地址"。电子邮件地址的表示规则是：

用户标识@ 邮件服务器地址

比如：user9009@163.com、user@swufe.edu.cn 等就是真实的电子邮件信箱地址。

通常，电子邮件信箱地址是不用保密的，这就像人们的通信地址一样。但打开电子邮件信箱、从电子邮件信箱中取出电子邮件需要密码。

二、文件传输

文件传输服务是为 Internet 用户提供的在主机之间进行文件复制的服务（将一个文件完整地从一台主机上传送到另一台主机上）。所传送的文件的类型各种各样，有文本文件、程序文件、数据压缩文件、图像文件、声音文件等。

文件传输服务的工作模式是服务器/客户机模式。信息的发布者是文件传输服务器，客户机是一般的计算机系统。从客户机向服务器传送文件通常称为文件的上传，从服务器向客户机传送文件通常称为文件的下载。

三、远程登录

在 Internet 中，用户可以通过远程登录使自己成为远程计算机的终端，然后在它上面运行程序，或使用它的软件和硬件资源。

四、WWW 浏览

WWW 是目前最受用户欢迎的一种服务。它是基于超文本的信息查询工具，把 Internet 上不同地点的相关数据信息有机地组织起来，供用户查询。WWW 的用户界面非常友好，著名的 WWW 浏览器程序有 Netscape、Internet Explorer 等。

五、其他应用服务

Internet 还提供了其他的一些应用服务，如网上聊天室、证券查询交易、收听音乐等多媒体信息、企业主页存放、政府上网工程等。

第五节　IE 浏览器的使用

IE（Internet Explorer）是微软公司推出的基于 Internet 的 WWW 浏览工具。IE 浏览器是和微软的 Windows 操作系统绑定销售的。也就是说，用户购买了 Windows 操作系统，就自然获得了 IE 浏览器程序。

一、IE 浏览器的启动和退出

1．IE 浏览器的启动

操作方法：单击"开始" | "程序" | "Microsoft Explorer"菜单选项。

2．IE 浏览器的退出

方法一：单击程序窗口菜单栏中的"文件" | "退出"选项。

方法二：单击程序窗口右上角的"关闭"命令按钮。

方法三：右击任务栏中的"IE 浏览器程序窗口图标"，单击系统给出的快捷菜单中的"关闭"选项。

二、IE 浏览器程序窗口

和其他应用程序窗口一样，IE 浏览器应用程序窗口（如图 6.19 所示）也有标题栏、菜单栏、工具栏、地址栏、滚动条、状态栏等。

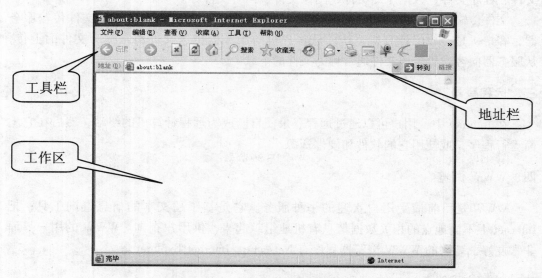

图 6.19　"IE 浏览器"程序窗口

1．工具栏

IE 浏览器的工具栏上依次摆放着"后退"、"前进"、"停止"、"刷新"、"主页"

等命令按钮。这些命令按钮使用户浏览网页更为方便。

2．地址栏

IE 浏览器窗口的地址是用户输入网页的 URL 的地方。

3．工作区

IE 浏览器打开的网页就显示在窗口的工作区中。因此，工作区是浏览网页的场所。

三、IE 浏览器的操作

1．设置主页

步骤一：单击"工具" | "Internet 选项"菜单选项，系统给出"Internet 选项"对话框（如图 6.20 所示）。

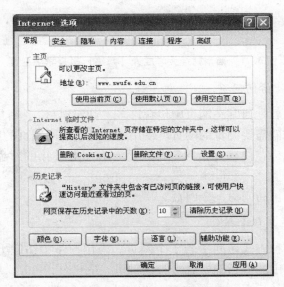

图 6.20 "Internet 选项"对话框

步骤二：在"地址"文本框中，输入要设置成 IE 浏览器主页的网页的 URL。

步骤三：单击"确定"命令按钮。

IE 浏览器的主页设置完毕，下次启动 IE 浏览器时，这次的设置将起作用。或者点击"工具栏"中的"主页"命令按钮，上述设置也将起作用。

2．输入 URL 访问网页

"URL"是 Internet 上一个资源的地理地址。因此，URL 又被称为"统一资源定位器"。一个 URL 的标准格式是：协议名：//域名（或 IP 地址）/路径/文件名．扩展名。其中，路径和文件名被省略，表示 WWW 服务器设置的主页。

用户可以在 IE 浏览器程序窗口的地址栏里边，通过输入一个 URL 访问一个网页。比如要访问西南财经大学成人教育学院的主页，具体操作步骤如下：

步骤一：在 IE 浏览器程序窗口地址栏中输入西南财经大学成人（网络）教育学院

的 URL：http：//xczx. swufe. edu. cn。

步骤二：敲击"回车"键（如图6.21所示），西南财经大学成人教育学院主页就在浏览器窗口的工作区中显示出来。

图6.21　西南财经大学成人（网络）教育学院主页

3．使用"超级链接"访问网页

网页的特点之一就是通常在网页中包含许多"超级链接"。用户可以随时通过使用网页中的超级链接访问需要浏览的网页。使用超级链接访问网页的操作方法如下：

步骤一：移动鼠标，使鼠标指针定位在附着有超级链接的对象上，这时鼠标指针变成手的形状。

步骤二：单击即可访问另一个网页。

4．"前进"和"后退"命令按钮

用户可能通过各种方式访问了若干个网页。当用户希望访问上一次访问过的网页时，只需单击工具栏中的"后退"命令按钮即可。

用户只要使用过"后退"命令按钮，"前进"命令按钮将变成清楚的显示。"前进"和"后退"命令按钮可使用户在已访问过的网页序列中来回切换。

5．使用"收藏夹"

用户可以用"收藏夹"将正在访问的网页的 URL 保存起来，以方便下次使用。收藏夹的使用方法如下：

步骤一：展开"收藏"菜单（如图6.22所示）。

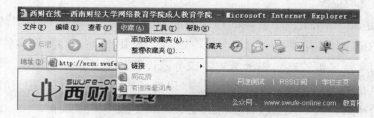

图6.22　展开的"收藏"菜单

步骤二：单击"收藏"｜"添加到收藏夹"菜单选项，系统给出"添加到收藏夹"对话框（如图 6.23 所示）。单击"确定"命令按钮，当前网页的 URL 即可被保存。

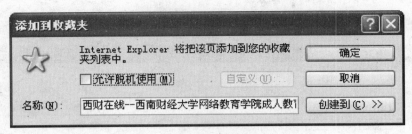

图 6.23 "添加到收藏夹"对话框

或者：单击"收藏"｜"整理收藏夹"菜单选项，系统给出"整理收藏夹"对话框（如图 6.24 所示）。用户可以在"整理收藏夹"对话框中对目录和 URL 进行创建、删除、重命名、移动等整理工作。

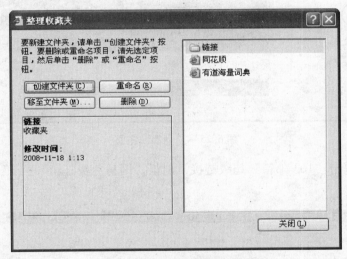

图 6.24 "整理收藏夹"对话框

第六节 电子邮件的收发

电子邮件（Email）是 Internet 送给人们的一份好礼。每天晚上查收电子邮件，已经成了许多人的习惯。电子邮件地址已经和电话号码一样，成为名片和通讯录上的主要信息。

一、申请免费的电子邮件信箱

1. 提供免费电子邮件信箱的网站

许多大型网站都为社会公众提供免费电子邮件信箱和免费电子邮件服务，如新浪、网易、搜狐等。虽然是免费的服务，但这些网站的邮件服务质量还是很好。要想享受 Internet 为我们提供的电子邮件服务，就要先获得一个电子邮件信箱。

2. 申请免费电子邮件信箱的具体方法

步骤一：浏览"网易"主页（URL：http：//www.163.com）（如图6.25 所示）。

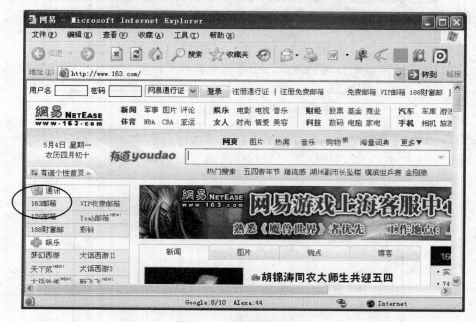

图 6.25 "网易"主页

步骤二：单击"163 邮箱"超级链接，浏览"网易免费邮箱"网页（如图6.26 所示）。

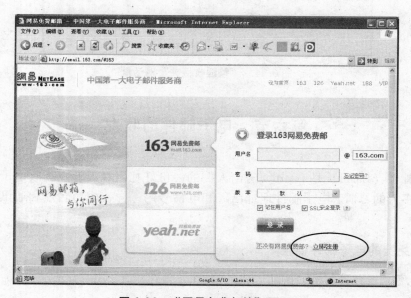

图 6.26 "网易免费邮箱"网页

步骤三：单击"立即注册"超级链接，进入申请注册电子邮件信箱的流程。用户按要求填写相关数据，即可申请到一个免费的电子邮件信箱。

注：在申请过程中用户要输入一个用户账号（用户 ID 号）。申请成功后，得到的邮件信箱地址是：ID@ 163．com。

二、收发电子邮件

1．发送电子邮件

步骤一：如图 6．26 所示，输入账号和密码，单击"登录"命令按钮，用户进入电子邮箱（如图 6．27 所示）。

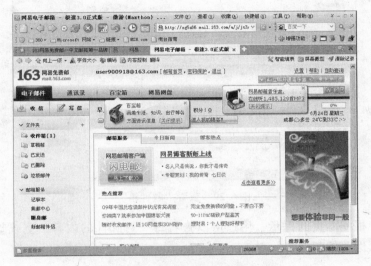

图 6．27　"网易电子邮箱"主页

步骤二：单击"写信"超级链接，进入"编辑邮件"网页（如图 6．28 所示）。

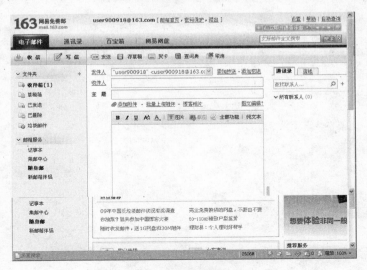

图 6．28　"编辑邮件"网页

步骤三：用户编辑好邮件后，输入收件人邮箱地址，单击"发送"命令按钮即可将邮件发送到收件人邮箱中。

2. 接收电子邮件

步骤一：如图 6.27 所示，单击"收件箱"超级链接，网页中显示出自己邮箱中的邮件（如图 6.29 所示）。

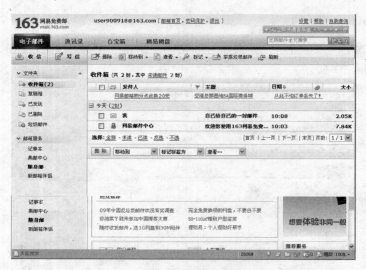

图 6.29　查看"收件箱"

步骤二：根据网页的提示，用户可以查看每一封邮件的内容、下载邮件的附件和删除不必继续保存的邮件等。

第七章　计算机安全基础

　　当今社会是科学技术高度发展的信息社会，人类的一切活动均离不开信息，而计算机是对信息进行收集、分析、加工、处理、存储和传输等的核心。可是，在计算机给人们的生产生活带来极大便利的同时，有必要注意在计算机系统中潜伏着的严重的不安全性、脆弱性和危险性。从计算机出现至今，至少发生过数十次由于病毒攻击而导致的使社会和个人蒙受重大损失的事件。譬如，1999年爆发了CIH病毒。在此之前，人们一直以为病毒只能破坏软件，对硬件毫无办法；可是CIH病毒打破了这个神话，因为它在某种情况下竟然可以破坏硬件。我们来看看两大国产杀毒软件生产商对网络安全的报告（如图7.1、图7.2所示）。

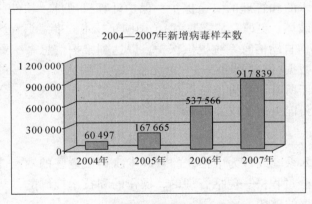

图 7.1　瑞星公司对网络安全的报告

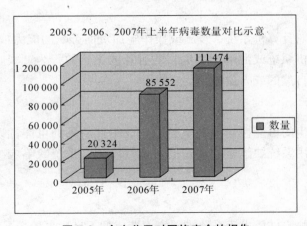

图 7.2　金山公司对网络安全的报告

第一节　计算机安全的基本概念

计算机安全问题已经引起了国际上各方面专家的重视。国际信息处理协会（IFIP）从 20 世纪 80 年代初起，每年组织召开关于信息处理系统的安全与保护方面的技术交流会。欧洲地区也有相应的组织机构进行交流研讨。我国从 1981 年就开始关注计算机安全问题并着手工作，由公安部计算机管理监察司牵头，在中国电子学会、计算机学会以及中央各有关部委的支持和推动下，做了大量的工作，多次召开了全国性计算机安全技术学术交流会，发布了一系列管理法规、制度。关于计算机安全的问题，正在形成一门新学科——计算机安全学。

一、什么是计算机安全

计算机安全是计算机技术的一部分，它以保证信息安全、防止信息被攻击、窃取和泄露为主要目的。按照国际标准化委员会的定义，计算机安全是指"为数据处理系统建立和采取的技术的和管理的安全保护，保护计算机硬件、软件、数据不因偶然的或恶意的原因而遭破坏、更改、显露"。而美国国家技术标准组织（NSIT）对计算机安全的定义是"为任何自动信息系统提供保护，以达到维护信息系统资源（包括各类硬件、软件、固件、数据/信息及通信等）的完整性、可用性及保密性的目的"。

具体来讲，由于所有计算机信息系统都会有程度不同的缺陷，会面临或多或少的威胁和风险，因此可能会遭受或大或小的损害。

1．缺陷

这是指信息技术系统或行为中存在的对其本身构成危害的缺点或弱点。这种弱点可能存在于系统安全过程——包括管理的、操作的和技术控制的，从而造成非授权的信息访问和重要数据的破坏。

2．威胁

这是指行为者对计算机系统、设施或操作施加负面影响的能力或企图。换句话说，威胁是一种对计算机系统或活动产生危害的有意或无意的行为。威胁可划分为有意或无意的人为威胁、自然的或人造的环境威胁。

3．风险

这是指威胁发生的可能性、发生威胁后造成不良后果的可能性以及不良后果的严重程度。它是指利用系统缺陷进行攻击的可能性。减少系统缺陷或减少威胁都可以达到减少风险的目的。

4．损害

它是指发生威胁事件后由于系统被侵害而造成的不良后果的情况。

从以上的介绍不难看出，计算机安全不仅涉及技术问题、管理问题，甚至还涉及法学、犯罪学、心理学等问题。可以把计算机安全这一概念分为四部分，即实体安全、软件安全、数据安全和运行安全。而从内容来看，计算机安全包括计算机安全技术、计算机安全管理、计算机安全评价与安全产品、计算机犯罪与侦查、计算机安全法律、计算机安全监察以及计算机安全理论与政策等。

二、威胁计算机安全的因素和应对策略

1. 威胁计算机安全的因素

（1）物理安全问题

首先要保障网络信息的物理安全。物理安全是指在物理介质层次上对存储和传输的信息进行安全保护。目前常见的不安全因素（安全威胁或安全风险）有：

①自然灾害（如雷电、地震、火灾、水灾等）、物理损坏（如硬盘损坏、设备使用寿命到期、外力破损等）、设备故障（如停电断电、电磁干扰等）、意外事故。

②电磁泄漏（如侦听微机操作过程）。

③操作失误（如删除文件，格式化硬盘，拆除线路等），意外疏漏（如系统断电、死机等系统崩溃）。

④计算机系统机房环境的安全。

（2）操作系统及应用服务的安全问题

现在主流的操作系统为 Windows 操作系统，该系统存在很多安全隐患。操作系统不安全，也是计算机不安全的重要原因。

（3）黑客的攻击

黑客攻击的主要方法有口令攻击、网络监听、缓冲区溢出、电子邮件攻击和其他攻击方法。

（4）名目繁多的计算机病毒威胁

计算机病毒将导致计算机系统瘫痪、程序和数据严重破坏，使网络的效率和作用大大降低，使许多功能无法使用或不敢使用。虽然至今尚未出现灾难性的后果，但层出不穷的各种各样的计算机病毒活跃在各个角落，令人担忧。先前的"冲击波"病毒、后来的"震荡波"病毒，给我们的正常工作已经造成过严重威胁。

2. 应对策略

计算机系统的安全防范工作是一个极为复杂的系统工程，是人防和技防相结合的综合性工程。首先各级领导和管理人员要重视，加强工作责任心和防范意识，自觉执行各项安全制度。其次，在此基础上，再采用一些先进的技术和产品，构造全方位的防御机制，使系统在理想的状态下运行。

（1）构造全方位的防御机制

全方位的防御机制是安全的技术保障。网络安全是一项动态的、整体的系统工程。从技术上来说，网络安全由操作系统、应用系统、防火墙、入侵检测、网络监控、信息审计、通信加密、灾难恢复、安全扫描等多个安全组件组成，一个单独的组件是无法确保信息网络的安全性的。

①利用防病毒技术，阻止病毒的传播与发作

为了避免病毒造成的损失，应采用多层的病毒防卫体系。所谓的多层病毒防卫体系，是指在每台 PC 机上安装单机版反病毒软件，在服务器上安装基于服务器的反病毒软件，在网关上安装基于网关的反病毒软件。

②应用防火墙技术，控制访问权限

防火墙技术是近年发展起来的重要网络安全技术，其主要作用是在网络入口处检查网络通信，根据客户设定的安全规则，在保护内部网络安全的前提下，保障内外网络通信。在网络出口处安装防火墙后，内部网络与外部网络进行了有效的隔离，所有来自外部网络的访问请求都要通过防火墙的检查，可使内部网络的安全有很大的提高。

③应用入侵检测技术，及时发现攻击苗头

应用防火墙技术，经过细致的系统配置，通常能够在内外网之间提供安全的网络保护，降低网络的安全风险。但是，仅仅使用防火墙还远远不够。

入侵检测系统是近年出现的新型网络安全技术，目的是提供实时的入侵检测及采取相应的防护手段，如记录证据用于跟踪和恢复、断开网络连接等。实时入侵检测技术之所以重要，是因为它能够对付来自内外网络的攻击，此外它能够缩短发现黑客入侵的时间。

（2）加强安全制度的建立和落实

制度建设是安全的前提。通过推行标准化管理，克服传统管理中凭借个人的主观意志进行管理的模式。标准化管理最大的好处是它推行的是法治而不是人治，不会因为人员的去留而改变，使先进的管理方法和经验可以得到很好的继承。各单位要根据本单位的实际情况和所采用的技术条件，参照有关的法规、条例和其他单位的版本，制定出切实可行又比较全面的各类安全管理制度。

制度落实是安全的保证。制度建设重要的是落实和监督。尤其是在一些细小的环节上更要注意，如系统管理员应定期及时审查系统日志和记录；重要岗位人员调离时，应及时注销用户，并更换业务系统的口令和密钥，接收全部技术资料等。总之，应该使问题及时发现、及时处理、及时上报，使隐患能及时预防和消除，有效保证系统的安全稳定运行。

第二节　基于网络的计算机安全

一、网络给计算机安全带来的影响

Internet 从诞生到目前为止，它的扩张不仅带来量的改变，同时也带来某些质的变化。由于多种学术团体、企业研究机构甚至个人用户的进入，Internet 的使用者不再局限于纯计算机专业人员。新的使用者发觉，计算机相互间的通信对他们来讲更有吸引力。于是，他们逐步把 Internet 当做一种交流与通信的工具，而不仅仅只是共享巨型计算机的运算能力。所以说，当今时代是一个网络的时代。网络已经渗透到人们生活的方方面面。

在 Internet 给人们的生产生活带来极大便利的同时，也使病毒的传播更加容易，而黑客们的攻击范围得到了极大的扩张。因此，计算机安全的概念由原先的单机安全扩展到网络安全。所谓网络安全是指计算机网络环境下的信息安全，它有动态和静态两个层面的意义。静态意义是指保护计算机网络系统的硬件、软件和数据不因偶然和恶意的原因而遭到破坏、更改和泄露，而动态意义是指计算机网络系统连续正常运行。

网络不安全的原因何在？有内因，也有外因。内因当然就是计算机包括网络系统的缺陷。这种缺陷又来自两个方面：一方面，计算机操作系统的规模在不断扩充，比如 Windows 3.1 有 300 万行代码，而 Windows 2000 则已经增长到 5000 万行代码。规模的扩大不可避免地带来了漏洞的增多。另一方面，越来越多的专家认为，Internet 包括主流网络协议 TCP/IP 在内，从建立开始就缺乏安全的总体构想和设计。

网络不安全的外因是黑客进行的网络攻击。网络攻击是指攻击者利用目前网络通信协议（如 TCP/IP 协议）自身存在的或因用户配置不当而产生的漏洞、用户操作系统的内在缺陷或用户使用的程序语言本身所具有的隐患等，通过一些网络命令或使用专门的攻击软件，非法进入本地或远程用户主机系统，非法获得、修改、删除用户系统的信息以及在用户系统上添加垃圾、色情或者有害信息（如木马）等一系列行为的总称。

二、被动攻击和保密技术

被动攻击只窃取和分析接收互联网上的信息，而对互联网用户之间的通信不产生干扰，是隐蔽的攻击。

防止被动攻击最有效的手段是采用保密技术。保密技术一般指保密防护技术和发现泄密（窃密）的技术。保密技术的关键是加密技术，加密技术可以在一定程度上对抗被动攻击。

1. 加密技术

假设通信信道是不安全的，原来需要发送的消息是明文。设计一个加密算法，使明文被加密程序转换（加密过程），得到密文：再将密文传送出去，就可以对抗被动攻击（攻击者能"听到"，但没法"知道"）；授权者实施加密的逆过程（解密过程），得到明文（如图 7.3 所示）。这就是加密技术的核心。

一般来讲，加密和解密的算法是公开的。加密和解密过程中有一组参数，这组参数被称为"密钥"。只要不泄露密钥，系统就是安全的。授权就是告之密钥。

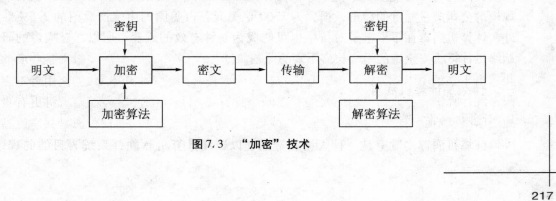

图 7.3 "加密"技术

2．对称密码体制

对称密码体制是加密密钥和解密密钥一样的密码体制，主要用来对抗被动攻击。

3．非对称密码体制

非对称密码体制是加密密钥和解密密钥不一致的密码体制，可以实现"身份认证"、"数字签名"、"不可抵赖"等功能。

三、主动攻击和防御技术

主动攻击与被动攻击不同，它试图改变网络上传输的信息，或者影响和破坏网络用户的正常工作。

防御技术的核心是防火墙技术。"防火墙"是一种装置（如图7.4所示）。它一般被设置在外网和内网之间、内网出口的位置上。其目的就是在内网和外网之间形成一定的隔挡，让内网和外网之间的符合传送策略的数据包通过，将不符合传送策略的数据包扣留下来。

图7.4 "防火墙"的功能

要让防火墙起作用，首先要设计好防火墙策略。防火墙是根据事先设计好的策略工作的。

防火墙有各种各样的形式：可以是一个程序，可以是一台机器，甚至可以是一个网络。

第三节 计算机病毒

计算机病毒是当前对计算机信息安全构成危害的一个主要方面。据统计，到2000年底，全世界已经发现的病毒达到了45 000种。计算机病毒在2000年给全球经济造成的损失高达16 000亿美元，超过中国全年的GDP产值。仅在美国就有5万家具有一定规模的公司遭受病毒的袭击，损失为2600亿美元，占美国国内生产总值的2.5%。另外，计算机病毒在军事电子对抗中也可能成为一种有效的武器。所以，对病毒的研究始终是计算机安全中的一个长盛不衰的课题。

一、什么是计算机病毒

1．计算机病毒

计算机病毒实质上是一种人为制造的、以破坏计算机软硬件系统为目的的程序。

通常，这种程序不是独立存在的。病毒代码往往潜藏在其他程序、硬盘分区表或引导扇区中等待时机，在开机或执行某些程序后悄悄地进驻内存，对其他的文件进行传染，使之传播出去，然后在特定的条件下破坏系统或骚扰用户。当这些携带病毒的文件被复制或从一个用户传送到另一个用户时，它们就随同文件一起蔓延开来。就像生物病毒一样，计算机病毒有独特的复制能力。它们可以很快地蔓延，又常常难以根除。

2. 计算机病毒的危害

计算机染上了病毒以后，轻则影响机器运行速度，使机器不能正常运行；重则使机器处于瘫痪，给用户带来不可估量的损失。

以下列举出病毒可能引发的一些主要的危害：

破坏计算机主板 BIOS 内容，使计算机无法正常启动；

攻击硬盘主引导扇区、Boot 扇区、FAT 表、文件目录，影响系统正常引导；

删除软盘、硬盘或网络上的可执行文件或数据文件，使文件丢失；

非法格式化整个磁盘；

修改或破坏文件中的数据，使内容发生变化；

占用磁盘空间；

抢占系统资源，如内存空间、CPU 运行时间等，使运行效率降低；

干扰打印机正常工作；

破坏屏幕正常显示；

破坏键盘的正常输入输出。

3. 计算机病毒发作后的症状

计算机被病毒感染后，如果没有发作，是很难觉察到的；而一旦发作，就会表现出不同的症状，下面把一些常见的现象介绍一下。

（1）机器不能正常启动

打开电源后机器根本不能启动，或者可以启动，但所需要的时间比原来的启动时间更长。有时还会突然出现黑屏现象。

（2）运行速度降低

如果发现在运行某个程序时，读取数据的时间比原来长，存文件或调文件的时间都增加了，那就可能是病毒造成的。

（3）磁盘空间迅速变小

病毒会进驻内存，还能繁殖，使内存空间变小甚至变为"0"，使用户写不进任何有用的信息。

（4）文件内容和长度有所改变

一个文件存入磁盘后，本来它的长度和其内容都不会改变；可是由于病毒的干扰，文件长度可能改变，文件内容也可能出现乱码。有时还会出现文件内容无法显示或显示后又消失了的现象。

（5）经常死机

正常的操作是不会造成死机的。即使是初学者，命令输入不对，通常也不会死机。如果机器经常死机，那就可能是系统被病毒感染了。

（6）外部设备工作异常

因为外部设备受系统的控制，所以如果机器中有病毒，外部设备在工作时可能会出现一些异常情况，出现一些用理论或经验说不清的现象。

以上仅列出一些比较常见的被病毒感染的表现形式，肯定还有一些其他的特殊现象，这就需要用户自己判断了。

二、计算机病毒的特点

计算机病毒和生物病毒是非常相似的，它由此得名。计算机病毒是多种多样的：有的病毒会潜伏一段时间，等到它所设置的日期时才发作。病毒发作后，不是摧毁分区表，导致无法启动，就是直接格式化硬盘。也有一部分病毒的"手段"没有那么狠，不会破坏硬盘数据，只是搞些"声光效果"让你虚惊一场。有的则会在发作时在屏幕上显示一些带有宣示或警告意味的信息。这些信息不是叫你不要非法拷贝软件，就是显示特定的图形，再不然就是放一段音乐给你听……总体来讲，计算机病毒有如下特征：传染性、寄生性、潜伏性、破坏性、隐蔽性和可触发性。

1. 传染性

传染性是病毒最基本的特征。众所周知，在生物界，病毒通过传染从一个生物体扩散到另一个生物体。在适当的条件下，它可得到大量繁殖，并使被感染的生物体表现出病症甚至死亡。同样，计算机病毒也会通过各种渠道从已被感染的计算机扩散到未被感染的计算机，在某些情况下造成被感染的计算机工作失常甚至瘫痪。与生物病毒不同，计算机病毒是一段人为编制的计算机程序代码。这段程序代码一旦进入计算机并得以执行，就会搜寻其他符合其传染条件的程序或存储介质，再将自身代码插入其中，达到自我繁殖的目的。只要一台计算机染毒，如不及时处理，病毒就会在这台计算机上迅速扩散，机器中的大量文件（一般是可执行文件）会被感染。而被感染的文件又成了新的传染源，一旦与其他机器进行数据交换或通过网络接触，病毒就会继续传播。正常的计算机程序一般是不会将自身的代码强行连接到其他程序之上的。而病毒却能使自身的代码强行传染到一切符合其传染条件的未受到传染的程序之上。计算机病毒可通过各种可能的渠道，如软盘、网络去传染其他的计算机。当一台机器上感染了病毒，曾在这台计算机上用过的软盘往往也会感染上病毒，而与这台机器联网的其他计算机也会被该病毒染上。是否具有传染性是判别一个程序是否为计算机病毒的最重要条件。病毒程序通过修改磁盘扇区信息或文件内容，并把自身嵌入到其中实现传染和扩散。被嵌入的程序叫做宿主程序。

2. 潜伏性

计算机病毒可以长时间地潜伏在文件中，很难发现。有些病毒像定时炸弹一样，在潜伏期中，并不影响系统的正常运行，只是秘密地进行传播、繁殖、扩散，使更多的正常程序成为病毒的"携带者"。它什么时间发作是预先设计好的。一旦满足某种触发条件，病毒就会显出其巨大的破坏威力。比如"黑色星期五"病毒，不到预定时间一点都觉察不出来，等到条件具备的时候一下子就爆炸开来，对系统进行破坏。

通常，一个编制精巧的计算机病毒程序进入系统之后不会马上发作，而是在几周或者几个月甚至几年内隐藏在合法文件中，对其他系统进行传染，而不被人发现。潜伏性愈好，在系统中的存在时间就会愈长，病毒的传染范围就会愈大。潜伏性的第一种表现是：病毒程序不用专用检测程序是检查不出来的，因此病毒可以静静地躲在磁盘或磁带里待上几天，甚至几年，一旦时机成熟，得到运行机会，就又要四处繁殖、扩散，继续为害。潜伏性的第二种表现是指：计算机病毒的内部往往有一种触发机制，不满足触发条件时，计算机病毒除了传染外不作什么破坏。触发条件一旦得到满足，有的病毒在屏幕上显示信息、图形或特殊标识，有的病毒则执行破坏系统的操作，如格式化磁盘、删除磁盘文件、对数据文件加密、封锁键盘以及使系统死锁等。

3. 破坏性

计算机病毒的破坏性随计算机病毒的种类不同而差别极大。有的计算机病毒占用CPU 和内存资源，从而造成进程阻塞；有的仅干扰软件数据或程序，使之无法恢复；有的恶性病毒甚至会毁坏整个系统，导致系统崩溃和硬件损坏，造成巨大的经济损失。

总之，计算机中毒后，可能会导致正常的程序无法运行，或者把计算机内的文件删除等等，系统会受到不同程度的损坏。

4. 隐蔽性

计算机病毒具有很强的隐蔽性，有的可以通过反病毒软件检查出来，但有的根本就查不出来，有的时隐时现、变化无常。这类病毒处理起来通常很困难。

5. 可触发性

因某个事件或数值的出现，诱使病毒实施感染或进行攻击的特性称为可触发性。病毒的触发机制就是用来控制感染和破坏的频率的。病毒具有预定的触发条件，这些条件可能是时间、日期、文件类型或某些特定数据等。在病毒运行时，触发机制会检查预定条件是否满足：如果满足，启动感染或破坏；如果不满足，则继续潜伏。

三、计算机病毒的分类

从第一个病毒产生以来，世界上究竟有多少种病毒，说法不一。无论多少种，病毒的数量仍在不断增加。据国外统计，计算机病毒以每周 10 种的速度递增。另据我国公安部统计，国内以每月 4~6 种的速度递增。不过，病毒再多，也都属于下面这些类型。

1. 按照传染方式分类

（1）引导型病毒

引导型病毒主要是用计算机病毒的全部或部分来取代正常的引导扇区的内容，而将正常的引导扇区的内容转移到磁盘的其他存储空间。

引导型病毒会去改写（即一般所说的"感染"）磁盘上的引导扇区（BOOT SECTOR）的内容，再不然就是改写硬盘上的文件分区表（FAT）。如果用已感染病毒的软盘来启动的话，则会感染硬盘。

引导型病毒是一种在系统引导时出现的病毒，依托的环境是 BIOS。它是利用操作系统的引导模块放在某个固定的位置，并且控制权的转交方式是以物理地址为依据，而不是以操作系统引导区的内容为依据的特点，占据该物理位置，而将真正的引导区内容转移或替换，待病毒程序被执行后，将控制权交给真正的引导区内容，使得这个带病毒的系统看似正常运转，而病毒已隐藏在系统中伺机传播、发作。

引导型病毒几乎都会常驻在内存中，差别只在于内存中的位置。所谓"常驻"，是指应用程序把要执行的部分在内存中驻留一份。这样就可不必在每次要执行它的时候都到硬盘中搜寻，以提高效率。

引导型病毒按其寄生对象的不同又可分为两类，即 MBR（主引导区）病毒和 BR（引导区）病毒。MBR 病毒也称为分区病毒，寄生在硬盘分区主引导程序所占据的硬盘 0 头 0 柱面第 1 个扇区中。典型的病毒有"大麻（Stoned）"、"2708"等。BR 病毒是寄生在硬盘逻辑 0 扇区或软盘逻辑 0 扇区（即 0 面 0 道第 1 个扇区）。典型的病毒有"Brain"、"小球病毒"等。

（2）文件型病毒

顾名思义，文件型病毒主要以感染文件扩展名为".COM"、".EXE"等可执行程序为主。文件型病毒寄生于一般的应用程序中，并在被传染的应用程序执行时获得执行权，且驻留在内存中监视系统的运行情况，随时寻找可以传染的对象进行传染。

文件型病毒的发作必须借助载体程序，即要运行病毒的载体程序，方能把文件型病毒引入内存。已感染病毒的文件的执行速度会减缓，甚至完全无法执行。有些文件遭感染后，一执行就会遭到删除。大多数的文件型病毒都会把它们自己的程序码复制到其宿主的开头或结尾处。这会造成已感染病毒文件的长度变长，但用户不一定能用 DIR 命令列出其感染病毒前的长度。也有部分病毒是直接改写受害文件的程序码，因此感染病毒后文件的长度仍然维持不变。

感染病毒的文件被执行后，病毒通常会趁机再对下一个文件进行感染。有的高明一点的病毒，会在每次进行感染的时候，针对其新宿主的状况而编写新的病毒码，然后才进行感染。因此，这种病毒没有固定的病毒码。以扫描病毒码的方式来检测病毒的查毒软件，遇上这种病毒就没有作用了。但反病毒软件随着病毒技术的发展而发展，针对这种病毒现在也有了有效手段。

大多数文件型病毒都是常驻在内存中的。文件型病毒按其驻留内存方式可分为高端驻留型、常规驻留型、内存控制链驻留型、设备程序补丁驻留型和不驻留内存型。

（3）混合型病毒

混合型病毒是集引导型和文件型病毒特性于一体的一种计算机病毒。它综合了引导型和文件型病毒的特性，它的"性情"也就比引导型和文件型病毒更为"凶残"。此种病毒透过这两种方式来感染，更增加了病毒的传染性以及存活率。不管以哪种方式传染，病毒都会经开机或执行程序而感染其他的磁盘或文件。此种病毒也是最难杀灭的。

（4）宏病毒

随着微软公司 Word 字处理软件的广泛使用和计算机网络尤其是 Internet 的推广普及，病毒家族又出现一种新成员，这就是宏病毒。宏病毒是一种寄存于文档或模板的宏中的计算机病毒。一旦打开这样的文档，宏病毒就会被激活，转移到计算机上，并驻留在 Normal 模板上。从此以后，所有自动保存的文档都会"感染"上这种宏病毒，而且如果在其他计算机上打开了感染病毒的文档，宏病毒又会转移到这台计算机上。

引导型病毒相对文件型病毒来讲，破坏性较大，但为数较少。直到 20 世纪 90 年代中期，文件型病毒还是最流行的病毒。但近几年的情况有所变化，宏病毒后来居上。据美国国家计算机安全协会的统计，这位"后起之秀"已占目前全部病毒数量的 80%以上。另外，宏病毒还可衍生出各种变形、变种的病毒。这种"父生子，子生孙"的传播方式实在让许多系统防不胜防，这也使宏病毒成为威胁计算机系统的"第一杀手"。

2. 按照计算机病毒的链接方式分类

计算机病毒本身必须有一个攻击对象以实现对计算机系统的攻击，它所攻击的对象就是计算机系统可执行的部分。

（1）源码型病毒

该病毒攻击高级语言编写的程序。该病毒在高级语言所编写的程序编译前插入到原程序中，经编译成为合法程序的一部分；若不进行汇编、链接，则无法传染扩散。

（2）嵌入型病毒

这种病毒嵌入在程序中间，把计算机病毒的主体程序与其攻击的对象以插入的方式链接。它只能针对某个具体程序，如 dBASE。这种计算机病毒是难以编写的，一旦侵入程序体后也较难消除。如果同时采用多态性病毒技术、超级病毒技术和隐蔽性病毒技术，将给当前的反病毒技术带来严峻的挑战。

（3）外壳型病毒

这类病毒寄生在宿主程序的前面或后面，并修改程序的第一个执行指令，使病毒先于宿主程序执行，随着宿主程序的使用而传染扩散。这种病毒最为常见，易于编写，也易于发现，一般测试文件的大小即可知。

（4）操作系统型病毒

这种病毒用它自己的程序加入或取代部分操作系统，具有很强的破坏力，可以导致整个系统的瘫痪。"圆点病毒"和"大麻病毒"就是典型的操作系统型病毒。

四、计算机病毒的防治

1. 主动预防计算机病毒

不言而喻，主动预防计算机病毒，可以大大遏制计算机病毒的传播和蔓延。只要培养良好的预防病毒意识，并充分发挥杀毒软件的防护能力，完全可以将大部分病毒拒之门外。那么，电脑病毒应该怎样预防呢？

（1）安装防毒软件。鉴于病毒无孔不入，安装一套防毒软件很有必要。首次安装时，一定要对计算机做一次彻底的病毒扫描，尽管麻烦一点，但可以确保系统尚未受到病毒感染。另外，每周至少更新一次病毒定义码或病毒引擎（引擎的更新速度比病毒定义码要慢得多），因为最新的防病毒软件才是最有效的。定期扫描计算机也是一个良好的习惯。

（2）注意 U 盘、光盘和软盘等媒介。在使用软盘、光盘或移动硬盘等其他媒介之前，一定要对其进行扫描；不怕一万，就怕万一。

（3）谨慎下载。下载一定要在比较可靠的站点进行。对于互联网上的文档与电子邮件，下载后也需不厌其烦地做病毒扫描。

（4）对操作系统及时升级。一般来说，软件升级可以修复旧版本的漏洞，还可以降低应用程序或操作系统的出错率。现在很多人还没有养成定期进行系统升级、维护的习惯，这也是最近病毒感染率高的原因之一。

（5）用常识进行判断。来历不明的邮件绝不要打开，不是预期中的朋友来信中的附件绝不要轻易运行，除非你已经知道附件的内容。

（6）禁用 Windows Scripting Host。许多病毒，特别是蠕虫病毒正是钻了这个空子，使得用户无须点击附件，就自动打开一个被感染的附件。

（7）使用基于客户端的防火墙或过滤措施，以增强计算机对黑客和恶意代码的攻击的免疫力。或者在一些安全网站中，对自己的计算机做病毒扫描，察看它是否存在安全漏洞与病毒。如果你经常在线，这一点很有必要；因为如果你的系统没有加设有效防护，你的个人资料很有可能会被他人窃取。

（8）警惕欺骗性或文告性的病毒。这类病毒利用了人性的弱点，以子虚乌有的说辞来打动你。记住，天下没有免费的午餐；一旦发现，应尽快删除。还有一些病毒甚至伪装成杀毒软件骗人。

（9）使用其他形式的文档，比如办公处理换用".wps"或".pdf"文档以防止宏病毒。当然，这不是彻底避开病毒的办法，但不失为一个避免病毒纠缠的好方法。

2. 计算机病毒的检测和清除

目前还不可能完全预防计算机病毒。因此在预防的同时，不能忽略病毒的检测和清除。

（1）计算机病毒的检测

计算机病毒的传播主要是通过拷贝、传送、运行程序等方式进行。网络，尤其是互联网的发展加快了病毒的传播速度。病毒的防治从传统的依靠检测病毒特征代码来判定发展到了行为判别，即根据程序的行为进行有无病毒的判断。通常，计算机病毒的一般检测方法有以下两种。

①人工检测

人工检测是指通过 DEBUG、PCTOOLS、NORTON 等工具软件提供的功能进行病毒的检测。这种方法比较复杂，因而不易普及。

②自动检测

自动检测是指通过一些专门的诊断、查毒软件（如瑞星、金山毒霸、赛门铁克、KV3000等）来扫描检查系统或软盘是否有毒。自动检测比较简单，一般用户都可以进行，这是最常用的方法。

（2）计算机病毒的清除

如果检测出计算机感染了病毒，应采取以下一些措施：

停止使用，用干净启动盘启动计算机，将所有资料备份；

用正版杀毒软件进行杀毒，使用前最好将杀毒软件升级到最新版本；

如果一个杀毒软件不能杀除，可到网上找一些专业性的杀病毒网站下载最新版的其他杀病毒软件进行查杀；

如果多个杀毒软件均不能杀除，可将此病毒发作情况发布到网上求援；

可用此染毒文件上报杀病毒网站，让专业性的网站或杀毒软件公司帮助解决。

五、系统备份和恢复

顾名思义，系统备份和恢复就是将数据以某种方式加以保留，以便在系统遭受破坏或其他特定情况下，重新加以利用的一个过程。Windows系统自带的备份、恢复工具可以创建系统还原点，并利用还原点进行系统恢复。

1. 系统备份

使用系统还原的第一步是创建系统还原点，它的作用就像用户没病时存钱，一旦生病才需要用钱那样。这项功能的使用前提是确保系统还原功能的有效性。安装Windows XP系统分区不能关闭系统还原功能，但可以调整用于系统还原的磁盘空间。

首先，点击"控制面板"中的"系统"对话框的"系统还原"标签项（如图7.5所示），确保"在所有驱动器上关闭系统还原"复选项不被勾选；再确定"可用的驱动器"下的Windows XP分区状态为"监视"。

其次，点击"设置"按钮打开设置对话框（如图7.6所示），根据分区剩余磁盘空间情况拖动滑块确定"要使用的磁盘空间大小"。

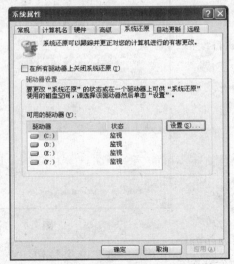

图7.5　"系统属性"对话框的"系统还原"选项卡

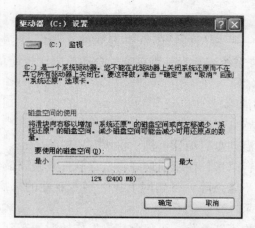

图7.6 "系统还原"设置对话框

最后，做完了这些准备工作，就可以为系统创建还原点了。第一次创建还原点最好在系统安装完驱动程序和常用软件之后，以后可以根据需要不定期地创建还原点。创建还原点的方法如下：

首先，点击"开始"｜"所有程序"｜"附件"｜"系统工具"｜"系统还原"菜单选项（如图7.7所示），选中"创建一个还原点"选项。

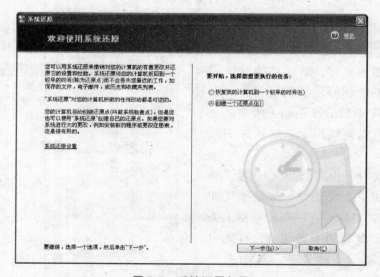

图7.7 系统还原向导

然后，点击"下一步"命令按钮，在"还原点描述"中输入说明信息（如图7.8所示），点击"创建"命令按钮，即可完成还原点创建操作。

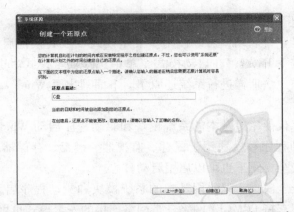

图 7.8 在"系统还原向导"对话框中创建一个还原点

值得注意的是，在创建系统还原点时，务必确保有足够的磁盘可用空间，否则会导致创建失败。

2. 使用还原点进行系统恢复

一旦 Windows XP 因为遭遇病毒、木马等情况而出现故障，可以利用我们先前创建的还原点，使用下面几种办法对系统进行恢复。

（1）系统还原法

如果 Windows XP 出现了故障，但仍可以正常模式启动，可以使用系统还原法进行恢复。

单击"开始"｜"所有程序"｜"附件"｜"系统工具"｜"系统还原"，打开系统还原向导对话框。选定"恢复我的计算机到一个较早的时间"选项，点击"下一步"命令按钮，系统给出"系统还原"的对话框（如图 7.9 所示）。在日历上点击黑体字显示的日期选择系统还原点。点击"下一步"按钮即可进行系统还原。还原结束后，系统会自动重新启动，所以执行还原操作时不要运行其他程序，以防文件丢失或还原失败。

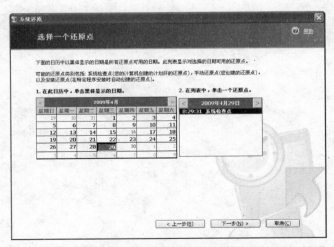

图 7.9 "系统还原"中的"恢复我的计算机到一个较早的时间"选项

（2）安全模式还原法

如果计算机不能正常启动，可以使用"安全模式"或者其他启动选项来启动计算机。在电脑启动时按下 F8 键，在启动模式菜单中选择安全模式。进入安全模式以后，就可以像上述系统还原法那样进行系统还原了。下面列出了 Windows XP 的高级启动选项的说明：

基本安全模式：仅使用最基本的系统模块和驱动程序启动 Windows XP，不加载网络支持。加载的驱动程序和模块用于鼠标、监视器、键盘、存储器、基本的视频和默认的系统服务。在安全模式下也可以启用启动日志。

带网络连接的安全模式：仅使用基本的系统模块和驱动程序启动 Windows XP；要加载网络支持，但不支持 PCMCIA 网络。带网络连接的安全模式也可以启用启动日志。

启用启动日志模式：生成正在加载的驱动程序和服务的启动日志文件。该日志文件被命名为"Ntbtlog. txt"，保存在系统的根目录下。

启用 VGA 模式：使用基本的 VGA（视频）驱动程序启动 Windows XP。如果导致 Windows XP 不能正常启动的原因是安装了新的视频卡驱动程序，那么使用该模式非常有用。其他的安全模式也只使用基本的视频驱动程序。

最后一次正确的配置：使用 Windows XP 在最后一次关机时保存的设置（注册信息）来启动 Windows XP。该法仅在配置错误时使用，不能解决由于驱动程序或文件破坏或丢失而引起的问题。当用户选择"最后一次正确的配置"选项后，则最后一次正确的配置之后所做的修改和系统配置将丢失。

目录服务恢复模式：恢复域控制器的活动目录信息。该选项只用于 Windows XP 域控制器，不能用于 Windows XP Professional 或者成员服务器。

调试模式：启动 Windows XP 时，通过串行电缆将调试信息发送到另一台计算机上，以便于用户解决问题。

值得注意的是，虽然系统还原支持在安全模式下使用，但是计算机运行在安全模式下，"系统还原"不创建任何还原点。所以当计算机运行在安全模式下时，无法撤销所执行的还原操作。

第八章 多媒体技术基础

多媒体技术促进了计算机科学及其相关学科的发展和融合，开拓了计算机在国民经济各个领域的广泛应用，从而对社会、经济产生了重大的影响。多媒体技术加速了计算机进入家庭和社会各个方面的进程，给人们的工作和生活带来了一场革命。本章将学习多媒体及多媒体技术的有关概念、多媒体技术的特点、多媒体计算机的基本硬件配置和软件环境以及多媒体技术的应用与发展趋势等知识。通过基础理论的学习，帮助大家了解多媒体有关知识，为进一步学习做好准备。

第一节 多媒体的基本概念

多媒体技术是现代计算机技术的重要发展方向，也是现代计算机技术发展最快的领域之一。多媒体计算机技术与通信技术、网络技术的融合与发展打破了时空和环境的限制，涉及了计算机出版业、远程通信、家用音像电子产品以及电影与广播等主要工业范畴，从根本上改变了人们的生活方式和现代社会的信息传播方式，是社会信息化高速公路的基础。

一、媒体和多媒体

在介绍多媒体技术之前，应首先了解一些多媒体的基本概念及多媒体技术的主要特点。

1. 媒体

媒体（Media）可以理解为人与人或人与外部世界之间进行信息沟通与交流传递的载体。根据 CCITT 的定义，媒体有以下五大类：感觉媒体、表示媒体、显示媒体、存储媒体和传输媒体。其核心是表示媒体，即信息的存在形式和表现形式，如日常生活中的报纸、电视、广播、广告和杂志上的信息，借助于这些载体得以交流传播。如果对这些媒体的本质进行详细分析，就可以找到媒体传递信息的基本元素——声音、图片、视频、影像、动画和文字等，它们都是媒体的组成部分。在计算机领域中，Media 曾被广泛译作"介质"，指的是信息的存储实体和传播实体；现在一般译为"媒体"，表示信息的载体。下面对各类媒体作一个简单介绍：

感觉媒体（Perception）：能直接作用于人的感官，使人能直接产生感觉的一类媒体。如声音、图像、文字以及物体的质地、形状、温度等。

表示媒体（Presentation）：为了能更有效地加工、处理和传输感觉媒体而人为研究和构造出来的一种媒体，例如语言编码，静态和活动图像编码以及文本编码等都称为表示媒体。

显示媒体（Display）：感觉媒体和用于通信的电信号之间转换用的一类媒体，可分为输入显示媒体（如键盘、摄像机、话筒、扫描仪等）和输出显示媒体（如显示器、发光二极管、打印机等）两种。

存储媒体（Storage）：用于存放数字化的表示媒体的存储介质，如磁盘、光盘、半导体存储器等。

传输媒体（Transmission）：用来将表示媒体从一处传递到另一处的物理传输介质，如同轴电缆、双绞线、光纤及其他通信信道。

2．多媒体

多媒体来自英文"Multimedia"，该词由"Multiple"（多）和"Media"（媒体）复合而成，对应的单媒体则是"Monomedia"。简单理解，多媒体是指两个或两个以上的单媒体的有机组合，意味着"多媒介"或"多方法"。日常生活中媒体传递信息的基本元素是声音、文字、图像、动画、视频和影像等。这些基本元素的组合就构成了人们平常接触的各种信息。计算机中的多媒体就是指将基本媒体元素以不同形式组合以传递信息的有机综合。

3．超文本与超媒体

超文本是一种信息组织形式，它使得单一的信息元素之间相互交叉引用。这种引用并不是通过复制来实现的，而是通过指向被引用的地址字符串来获取相应的信息。这是一种非线性的信息组织形式。它使得 Internet 成为真正为大多数人所接受的交互式的网络。利用超文本形式组织起来的文件不仅仅是文本，也可以是图、文、声、像以及视频等多媒体复合形式的文件，这种多媒体信息就构成了超媒体。

4．流媒体

流媒体是应用流技术在网络上传输的多媒体文件（音频、视频、动画或者其他多媒体文件）。流技术就是把连续的影像和声音信息经过压缩处理后放到网站服务器，让用户一边下载，一边观看、收听，而不需要等待整个压缩文件全部下载到自己机器后才可以观看的网络传输技术。

二、多媒体及其特点

关于多媒体技术，存在很多相关的定义。

定义1：计算机交互式综合处理多种媒体信息（比如文本、图形、图像和声音），使多种信息建立逻辑连接，集成为一个系统并具有交互性。简言之，多媒体技术就是计算机综合处理声、文、图信息的技术，具有集成性、实时性和交互性。

定义2：在数值、文字、图形等由计算机处理的信息中，使静止的图像、语音、影像等时间序列信息相互关联、同步处理的技术。

定义 3：使用计算机对一些独立的信息进行一体化的制作、处理、表现、存储和通信，这些信息必须至少通过一种连续（与时间有关）媒体和一种离散（与时间无关）媒体进行编码。

早期的计算机由于受到计算机技术、通信技术的限制，只能接收和处理字符信息。字符信息被人们长期使用，其特点是处理速度快、存储空间小，但形式呆板，仅能利用视觉获取，需要靠人的思维进行理解，难以描述对象的形态、运动等特征，不利于完全、真实地表达信息的内涵。图像、声音、动画和视频等单一媒体，比字符表达信息的能力强，但均只能从一个侧面反映信息的某方面特征。

多媒体技术是一门综合的高新技术。它是集声音、视频、图像和动画等多种媒体于一体的信息处理技术。它可以接收外部图像、声音和影像等多种媒体信息，经过计算机加工处理后，以图片、文字、声音和动画等多种形式输出，实现输入、输出方式的多元化，改变计算机只能处理文字、数据的局限，使人们的工作、生活更加丰富多彩。

多媒体技术是指利用计算机交互式综合处理多种媒体信息——文本、图形、图像和声音等，使多种媒体之间建立逻辑连接，集成为一个整体系统并具有一定的交互性。多媒体技术主要具有以下特点：

1. 多维性

多维性是指多媒体技术具有的处理信息的空间扩展和放大能力。利用多媒体技术能将输入的信息变换加工，可以增加输出信息的表现能力、丰富显示效果。多媒体信息使人们不但能看到文字说明，观察到静止的图像，还能听到声音，使人有身临其境之感。这种信息空间的多维性，使信息的表现方式不再单调，而是有声有色、生动逼真。

2. 集成性

多媒体技术是结合文字、图形、声音、图像、动画等各种媒体的一种应用，是一个利用计算机技术来整合各种媒体的系统。媒体依其属性的不同可分成文字、音频和视频。文字又可分成字符与数字，音频可分为语言和音乐，视频又可分为静止图像、动画和影像。多媒体系统将它们集成在一起，加以多媒体技术处理，使它们能综合发挥作用。

3. 交互性

所谓交互性是指人的行为与计算机的行为互为交流沟通的关系。这也是多媒体与传统媒体最大的不同。电视教学系统虽然也是声、图、文并茂的多种信息媒体，但电视节目的内容是事先安排好的，人们只能被动地接受播放的节目，而不能随意选择感兴趣的内容——这个过程是单方向的，而不是双向交互性的。如果用多媒体技术制作教学系统，学生可根据自己的需要选择不同的章节、难易各异的内容进行学习。对于重点的内容，一次未搞明白，还可重复播放。学生可参与练习、测验和实际操作等。如果学生有错，多媒体教学系统能及时评判、提示和纠正。

三、多媒体计算机系统的组成

多媒体计算机系统是对基本计算机系统的软硬件功能的扩展。作为一个完整的多媒体计算机系统，它应该包括多个层次的结构。传统的微机或个人计算机处理的信息往往仅限于字符和数字，只能算是计算机应用的初级阶段；而且人和计算机之间的交互只能通过键盘和显示器，交流的途径缺乏多样性。为了改变人机交互方式的单一，使计算机能够集声、文、图、像处理于一体，人们发明了多媒体计算机。多媒体计算机系统是对多媒体信息进行逻辑互联、获取、编辑、存储和播放的一个计算机系统。它能灵活地调度和使用多媒体信息，使之与相关硬件协调工作，并具有一定的交互特性。

多媒体系统是一个复杂的软、硬件结合的综合系统。多媒体系统把音频、视频等媒体与计算机系统集成在一起，组成一个有机的整体，并由计算机对各种媒体进行数字化处理。由此可见，多媒体系统不是原系统的简单叠加，而是有其自身结构特点的系统。

多媒体计算机系统的硬件包括运算器、控制器、存储器、输入设备和输出设备五大组成部分。多媒体计算机在五大组成部分的基础上（如图8.1所示），又增加了以下设备和功能接口。

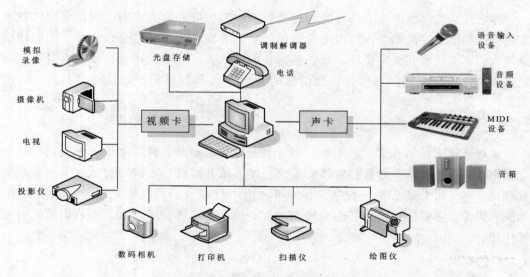

图8.1　多媒体系统的硬件组成

●多媒体接口卡

多媒体接口卡是多媒体系统获取、编辑音频或视频的，需要接插在计算机主板功能扩展槽上的设备。它的功能是解决各种媒体数据的输入输出问题。常用的接口卡有声卡、显示卡、视频压缩卡、视频捕捉卡、视频播放卡、光盘接口卡和网络接口卡等。随着计算机软件的发展，各类压缩卡、捕捉卡和播放卡等已经逐渐被淘汰，相应功能由多媒体软件取代实现。

● 多媒体外部设备

视频、音频输入设备包括扫描仪、摄像机、录像机、数码照相机、激光唱盘和 MIDI 合成器等。

视频、音频播放设备，包括电视机、投影仪、音响器材等。

交互界面设备包括键盘、鼠标、高分辨率彩色显示器、激光打印机、触摸屏、光笔等。

存储设备包括大容量磁盘和可擦写光盘（CD－RW）等。

多媒体计算机是随着计算机技术的进步而发展起来的。现在几乎所有的计算机都可以处理多媒体指令，个人计算机 PC 就是一台功能齐全的多媒体计算机。

和计算机系统包括硬件和软件系统一样，多媒体计算机系统也需要相应的硬件设备和软件设备。

多媒体软件按功能可划分为以下五类：

● 多媒体驱动软件

多媒体软件中直接与硬件打交道的软件称为多媒体驱动软件。其作用是完成设备的初始化，各种设备的操作及设备的打开、关闭，基于硬件的压缩和解压，以及图像的快速变换等基本硬件功能的调用。这种软件一般由厂家随硬件提供。

● 支持多媒体的操作系统

支持多媒体的操作系统是多媒体软件的核心。它负责多媒体环境下任务的调度，保证音频、视频同步控制以及信息处理的实时性。它提供多媒体信息的各种基本操作和管理，具有对设备的相对独立性与可扩展性。目前在个人计算机上开发多媒体软件使用得最多的操作系统是微软的 Windows 系统。

● 多媒体数据处理软件

此类软件是用于采集多媒体数据的软件，如声音的录制与编辑软件、图像扫描及预处理软件、全动态视频采集软件以及动画生成编辑软件等。

● 多媒体编辑创作软件

多媒体编辑创作软件又称多媒体创作工具，是多媒体专业人员在多媒体操作系统之上开发的，供特定应用领域的专业人员组织编排多媒体数据，并把它们连接成完整的多媒体应用的系统工具。高档的创作工具可用于影视系统的动画创作，中档的创作工具可用于创作教育和娱乐节目，低档的多媒体工具可用于商业简介的创作、家庭学习材料的编辑。

● 多媒体应用软件

多媒体应用软件是在多媒体硬件平台上设计开发的面向应用的软件系统，如多媒体数据库系统、多媒体教育软件和娱乐软件等。

四、数据压缩和解压缩

多媒体信息（特别是图像和动态视频）的数据量非常之大。例如：一幅 640×480 分辨率的 24 位真彩色图像的数据量约为 900kb，一个 100Mb 的硬盘只能存储约 100 幅静止图像画面。NTSC 标准的帧速率为 30 帧/秒，视频信号的传输率约为 26.4Mb/s，远远高于计算机的数据传输速率。对于音频信号，激光唱盘（CD－DA）的采样频率为44.1kHz，量化位数为16位，双通道立体声；100Mb硬盘仅能存储约10分钟的录音文件。目前CD－ROM的数据传输率单速的约为150kb/s（倍速为300kb/s，最先进的3倍速或4倍速驱动器可以达到450kb/s以上），远不能达到传输要求。显然，这样大的数据量不仅超出了计算机的存储和处理能力，更是当前通信信道的传输速率所不能满足的。因此，为了存储、处理和传输这些数据，必须进行压缩。相比之下，语音的数据量较小，且基本压缩方法已经成熟；目前的数据压缩研究主要集中于图像和视频信号的压缩方面。

数据压缩的核心是计算方法。不同的计算方法，产生不同形式的压缩编码，解决不同数据的存储与传送问题。数据冗余类型和数据压缩的算法是对应的，不同的冗余类型采用不同的编码形式，随后采用特定的技术手段和软硬件，实现数据压缩。数据压缩技术有三个重要指标：一是压缩前后所需的信息存储量之比要大；二是实现压缩的算法要简单，压缩、解压缩速度快，尽可能地做到实时压缩和解压缩；三是恢复效果要好，要尽可能完全恢复原始数据。

数据压缩方法种类繁多，可以分为无损（无失真）压缩和有损（有失真）压缩两大类。

●无损压缩算法

经这种算法处理的数据在解码后与压缩之前完全一致。无损压缩算法利用数据的统计冗余进行压缩，可完全恢复原始数据而不引入任何失真，但压缩率受到数据统计冗余度的理论限制，一般为2∶1～5∶1。这类方法广泛用于文本数据、程序和特殊应用场合的图像数据（如指纹图像、医学图像等）的压缩。由于压缩比的限制，仅使用无损压缩方法不可能解决图像和数字视频的存储和传输问题。

无损压缩编码基于信息熵原理，属于可逆编码，其压缩比一般不高。所谓"可逆"，是指压缩的数据可以不折不扣地还原成原始数据。目前，比较典型的可逆编码有霍夫曼编码、算术编码、行程编码、LZW编码等。

●有损压缩算法

经这种算法处理的数据在解码后与原始数据不一致。有损压缩算法利用了人类视觉对图像中的某些频率成分不敏感的特性，允许压缩过程中损失一定的信息。该算法虽然不能完全恢复原始数据，但是损失的部分对理解原始图像的影响较小，却换来了大得多的压缩比。有损压缩算法被广泛应用于语音、图像和视频数据的压缩。由于该编码在压缩时舍弃了部分数据，还原后的数据与原始数据存在差异。有损压缩具有不可恢复性和不可逆性。典型的有损压缩编码类型包括预测编码、变换编码等。

五、多媒体技术的应用

1. 教育与培训

多媒体技术将声、文、图集成于一体，使传递的信息更丰富、更直观，是一种合乎自然的交流环境和方式。人们在这种环境中通过多种感官来接受信息，加速了理解和接受知识、信息的过程，并有助于开展联想和推理等思维活动。将多媒体技术引入 CAI 中称为 MCAI（Multimedia Computer Assisted Instruction），它是多媒体技术与 CAI 技术相结合的产物，是一种全新的现代化教学系统。随着多媒体技术的日益成熟，多媒体技术在教育与培训中的应用也越来越普遍。

2. 商业与管理

多媒体在商业上的应用具有非常广阔的前景，能够为企业带来丰厚的利润。商业中的多媒体应用包括：商业广告，利用多媒体技术制作商业广告是扩大销售范围的有效途径，目前应用普遍；商场导购系统，利用多媒体商场购物导购系统，顾客可以通过电子触摸屏向计算机咨询，不仅方便快捷，而且可以节省人力，降低企业成本；多媒体网上购物系统，利用多媒体网络介绍自己的商品种类、价格和服务方式，同时还可以开展电子商务，使人们通过网络，足不出户就可以选购到自己满意的商品；效果图设计，在建筑、装饰、家具和园林设计等行业，多媒体将设计方案变成完整的模型，让客户事先从各个角度观看和欣赏效果，可避免不必要的劳动。

3. 娱乐

电子游戏始终是多媒体技术应用的前沿。CD 版电子游戏以其具有真实质感的流畅动画、悦耳的声音，深受成人和儿童的喜爱。电子影集可以将大量生活照片按时间顺序一一记录下来，配上优美的音乐和解说，存储在光盘中，为自己留下美好的回忆。用光盘可以长期保存电子影集数据，避免了普通彩色照片在保存中褪色的遗憾。

4. 多媒体通信

利用先进的电视会议技术，可以使分布在不同地理位置的人们就有关问题进行实时对话和实时讨论。比较流行的多媒体应用有：视频会议，使与会者不仅可以共享图像信息，还可共享已存储的数据、图形、图像以及动画和声音文件；远程医疗应用，以多媒体为主体的综合医疗信息系统使医生远在千里之外就可以为病人看病。

5. 办公自动化系统

此类系统包括：智能办公，采用先进的数字影像和多媒体技术，把文件扫描仪、图文传真机以及文件处理系统综合到一起，以影像代替纸张，用计算机代替人工操作，组成全新的办公自动化系统；多媒体信息管理，将多媒体技术引入管理信息系统（MIS），人们就可以管理多媒体信息了，其功能、效果都在原 MIS 系统基础上有进一步提高。

第二节 多媒体计算机常用的外部设备

多媒体外部设备十分丰富，按功能可分为视频/音频输入设备、视频/音频输出设备、人机交互设备、数据存储设备四类。下面介绍其中常用的几种：

一、声音采集和播放设备

在多媒体计算机系统中，可以处理的音频信息有三种类型：来自自然界的声波、人工设计的电子数字音乐和 CD 唱片。

●波形声音（Wave）

波形声音是来自自然界的声波，通常由话筒采集。波形声音数字化的技术参数（通常也是选择音频设备和文件类型的指标）通常包括采样频率（Sampling Rate）、采样数据位数（Sampling Data）和声道数（Channels）。

●数字音乐 MIDI（Musical lnstrument Digital Interface）

它代表乐器的数字接口，是数字音乐的一个国际标准。人工创作的数字音乐被写在一个文件中，这些文件里的数据不是声波数字化的那种数据，而是一串指令，其中包括音符、定时和多达 16 个通道的乐器定义。每个音符的信息又包括按键、通道号、持续时间、音量和力度等，是纯粹符号化的音乐。

●CD 唱片

CD 唱片的声音的生成、处理、还原方法与 WAVE 文件基本相同，也是通过数字采样技术制作的，但不生成".WAV"文件，而是把采样数据直接写在光盘上。它的规范是：采样频率 44.1kHz、采样数据 16 位、立体声，因此能完全重现原来声音的效果。

处理音频的主要设备叫做声卡（又称音效卡），是一块专用电路板，插入到主板的扩展槽中。它是多媒体计算机接收、处理、播放各类音频信息的重要部件，也是多媒体计算机不可缺少的组成部分。它的基本功能是：录放、midi、混音输出、语音压缩及解压缩功能。

声卡的基本功能包括：

●录音、放音功能：达到的采样标准应是 44.1kHz、16bit、立体声。MIDI 音乐应同时合成六种旋律乐器和两种打击乐器。

●混音输出功能：能实现六种声源的混音输出，双声道。

●语音压缩、解压缩功能：应兼容 ADPCM（自适应差分脉冲编码调制）规范。

二、扫描仪

扫描仪（Scanner）是一种高精度的光电一体化的高科技产品，是将各种形式的图像信息输入计算机的重要工具，是继键盘和鼠标之后的第三代计算机输入设备。它是功能极强的一种输入设备。人们通常将扫描仪用于计算机图像的输入，而图像这种信息形式是一种信息量最大的形式。从最直接的图片、照片、胶片到各类图纸、图形以及各类文稿资料，都可以用扫描仪输入到计算机中进而实现对这些图像信息的处理、管理、使用、存储、输出等。

扫描仪主要由光学部分、机械传动部分和转换电路三部分组成。扫描仪的核心部分是完成光电转换的光电转换部件。目前大多数扫描仪采用的光电转换部分是感光器件（包括 CCD、CIS 和 CMOS）。

扫描仪工作时，首先由光源将光线照在欲输入的图稿上，产生表示图像特征的反射光（反射稿）或透射光（透射稿）。光学系统采集这些光线，将其聚焦在感光器件上，由感光器件将光信号转换为电信号，然后由电路部分对这些信号进行 A/D（Analog/Digital）转换及处理，产生对应的数字信号，输送给计算机。机械传动机构在控制电路的控制下，带动装有光学系统和 CCD 的扫描头与图稿进行相对运动，将图稿全部扫描一遍，一幅完整的图像就输入到计算机中去了。

在整个扫描仪获取图像的过程中，有两个元件起到关键作用：一个是光电器件，它将光信号转换成为电信号；另一个是 A/D 变换器，它将模拟电信号变为数字电信号。这两个元件的性能直接影响扫描仪的整体性能，同时也关系到我们选购和使用扫描仪时如何正确理解和处理某些参数及设置。

扫描仪种类繁多。根据扫描介质和用途的不同，目前市面上的扫描仪大体上分为：平板式扫描仪、名片扫描仪、底片扫描仪、馈纸式扫描仪、文件扫描仪。除此之外还有手持式扫描仪、鼓式扫描仪、笔式扫描仪、实物扫描仪和 3D 扫描仪。

目前，扫描仪已广泛应用于各类图形图像处理、出版、印刷、广告制作、办公自动化、多媒体、图文数据库、图文通信、工程图纸输入等许多领域，极大地促进了这些领域的技术进步，甚至使一些领域的工作方式发生了革命性的变革。

三、显示器

显示器是将一定的电子信息通过特定的传输设备显示到屏幕上，再反射到人眼的一种显示工具。从广义上讲，街头随处可见的大屏幕，电视机的荧光屏，手机、快译通等的显示屏都属于显示器的范畴，但目前一般指与电脑主机相连的显示设备。它的应用非常广泛，大到卫星监测，小至看 VCD。目前常用的显示器类型包括：

1. CRT 显示器

它是一种使用阴极射线管（Cathode Ray Tube）的显示器。阴极射线管主要由五部分组成：电子枪（Electron Gun）、偏转线圈（Deflection Coils）、荫罩（Shadow Mask）、荧光粉层（Phosphor）、玻璃外壳。它是目前应用最广泛的显示器之一，其参数指标主要包括：

显像管尺寸：其尺寸与电视机一样，都是指显像管的对角线长度。不过显像管的尺寸并不等于可视面积，因为显像管的边框占了一部分空间。常见的 17 英寸（1 英寸 =2.54 厘米）纯平显示器的对角线长度大概在 15.8～16.1 英寸左右。

分辨率：显示器所能显示的点数的多少。由于屏幕上的点、线、面都是由点组成的，显示器可显示的点数越多，画面就越精细，屏幕区域内能显示的信息也越多，所以分辨率是个非常重要的性能指标。

刷新率：屏幕每秒钟刷新的次数，也叫场频或垂直扫描频率。从理论上来讲，只要刷新率达到 85Hz，也就是每秒刷新 85 次，人眼就感觉不到屏幕的闪烁了；但实际使用中往往有人能看出 85Hz 刷新率和 100Hz 刷新率之间的区别。所以从保护眼睛的角度出发，刷新率仍然是越高越好。

行频：也是一个很重要的指标，是指显示器电子枪每秒钟所扫描的水平行数，也叫水平扫描频率,单位是 kHz。行频与分辨率、刷新率之间的关系是:行频 = 刷新率 × 垂直分辨率。因此,显示器的分辨率越高,所能达到的刷新率最大值就越低。

2. 液晶显示器(LCD)

其英文全称为"Liquid Crystal Display"。它是一种采用了液晶控制透光度技术来实现色彩的显示器。和 CRT 显示器相比,LCD 的优点是很明显的。由于通过控制透光量来控制亮和暗,当色彩不变时,液晶也保持不变,这样就无须考虑刷新率的问题。画面稳定、无闪烁感的液晶显示器,其刷新率不高但图像也很稳定。LCD 显示器还通过液晶控制透光度的技术原理让底板整体发光,所以它做到了真正的完全平面。一些高档的数字 LCD 显示器采用了数字方式传输数据、显示图像,不会产生由于显卡造成的色彩偏差或损失;而且完全没有辐射,即使长时间看着 LCD 显示器屏幕,也不会对眼睛造成很大伤害。LCD 的体积小、能耗低也是 CRT 显示器无法比拟的,一般一台 15 寸 LCD 显示器的耗电量相当于 17 寸(1 寸 = 3.3333 厘米)纯平 CRT 显示器的 1/3。

相比 CRT 显示器,LCD 的图像质量目前仍不够完善。在色彩表现和饱和度方面,LCD 都在不同程度上输给了 CRT 显示器,而且它的响应时间也比 CRT 显示器长。当画面静止的时候还可以,一旦用于玩游戏、看影碟这些画面更新速度快且剧烈的情况时,液晶显示器的弱点就暴露出来了:画面延迟会产生重影、拖尾等现象,严重影响显示质量。

LCD 显示器的主要性能指标包括:是真彩还是伪彩、显示颜色的数量(也称色度),还有分辨率、像素的点距、刷新频率、观察屏幕视角等方面的指标。LCD 的分辨率与 CRT 显示器不同,一般不能任意调整,是厂家设置的。现在 LCD 的分辨率一般是 800 × 600 的 SVGA 显示模式和 1024 × 768 的 XGA 显示模式。LCD 的刷新频率是指每个像素在一秒内被刷新的次数,这和 CRT 显示器是相同的。刷新频率过低,可能出现屏幕图像闪烁或抖动。由于 LCD 屏幕结构的特点,屏幕的前景会反光,而且像素自身的对比度和亮度都将对用户眼睛产生反射和眩光,特别是侧面观察屏幕时就表现得很明显。这方面 TFT 的 LCD 要表现得更好。

四、视频采集设备

目前常用的视频采集设备通常称之为地摄像头(Camera),又称为电脑相机、电脑眼等。它作为一种视频输入设备,在过去被广泛地运用于视频会议、远程医疗及实时监控等方面。通常,摄像头分为数字摄像头和模拟摄像头两大类。由于个人电脑的迅速普及、模拟摄像头的整体成本较高等原因,加上 USB 接口的传输速度远远高于串口、并口的速度,因此现在的市场热点主要是 USB 接口的数字摄像头。此外,还有一些其他的分类方法:

根据摄像头的形态,可以分为桌面底座式、高杆式及液晶挂式摄像头三大类型。

根据摄像头的功能,还可以分为防偷窥型摄像头、夜视型摄像头。

根据摄像头是否需要安装驱动,可以分为有驱型与无驱型摄像头。有驱型指的是不论在什么系统下,都需要安装对应的驱动程序。无驱型是指操作系统在 Windows XP

SP2 以上，无须安装驱动程序，插入电脑即可使用。无驱型摄像头由于使用的便捷，已经成为主流。

衡量摄像头的性能，主要参考以下几个方面：

1．镜头（Lens）

镜头由几片透镜组成，一般有塑胶透镜（Plastic）或玻璃透镜（Glass）。通常摄像头用的镜头构造有 1P、2P、1G1P、1G2P、2G2P、4G 等。透镜越多，成本越高。玻璃透镜比塑胶贵。一个品质好的摄像头应该是采用玻璃镜头，其成像效果相对塑胶镜头更好。

2．感光芯片（Sensor）

它是组成数码摄像头的重要组成部分，根据元件不同分为 CCD（Charge Coupled Device，电荷耦合元件）和 CMOS（Complementary Metal-Oxide Semiconductor，互补性金属氧化物半导体元件）。目前 CCD 元件的尺寸多为 1/3 英寸或者 1/4 英寸，在相同的分辨率下，宜选择元件尺寸较大的；在相同像素下，CCD 的成像往往通透性、明锐度都很好，色彩还原、曝光可以保证基本准确。而 CMOS 的产品往往通透性一般，对实物的色彩还原能力偏弱，曝光也不太好。

3．图像解析度/分辨率（Resolution）

图像解析度/分辨率即传感器像素。在实际应用中，摄像头的像素越高，拍摄出来的图像品质就越好。

4．视频捕获速度

视频捕获能力是用户最为关心的功能之一。目前摄像头的视频捕获都是通过软件来实现的，因而对电脑的要求非常高：要求 CPU 的处理能力要足够快。对画面的要求不同，对捕获能力的要求也不尽相同。

第三节　常见的多媒体应用程序

多媒体应用程序包括字处理应用程序、绘图应用程序、图像处理应用程序、动画制作应用程序、声音编辑应用程序以及视频编辑应用程序等。下面介绍常用的几种：

一、"画图"工具

为了方便多媒体用户使用，Windows 已经设计了一个简洁好用的画图工具。它在开始菜单的程序项里的附件中，名字就叫做"画图"（如图 8.2 所示）。

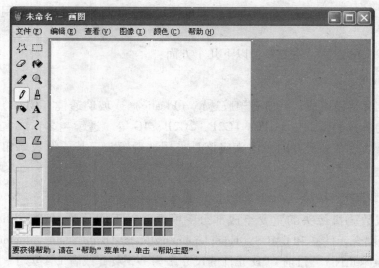

图 8.2 "画图"程序窗口

在工具箱中选中铅笔 ✏, 然后在画布上拖曳鼠标, 就可以画出线条了。还可以在颜色板上选择其他颜色画图, 鼠标左键选择的是前景色, 右键选择的是背景色。在画图的时候, 左键拖曳画出的就是前景色, 右键画的是背景色。选择刷子工具 🖌, 它不像铅笔只有一种粗细, 而是可以选择笔尖的大小和形状。单击任意一种笔尖, 画出的线条就和原来不一样了。图画错了就需要修改, 这时可以使用橡皮工具 ⬛。橡皮工具选定后, 可以用左键或右键进行擦除。这两种擦除方法适用于不同的情况。左键擦除是把画面上的图像擦除, 并用背景色填充经过的区域。

其他画图工具如下: 🎨 是"用颜料填充", 就是在一个封闭区域内都填上颜色。🖌 是喷枪, 它画出的是一些烟雾状的细点, 可以用来画云或烟。🅰 是文字工具, 在画面上拖曳出写字的范围, 就可以输入文字, 还可以选择字体和字号。╲ 是直线工具, 用鼠标拖曳可以画出直线。⌇ 是曲线工具: 先拖曳画出一条线段, 然后再在线段上拖曳。可以在线段上从拖曳的起点向一个方向弯曲, 然后再拖曳另一处。还可以反向弯曲。两次弯曲后, 曲线就确定了。⬜ 是矩形工具, ▱ 是多边形工具, ⬭ 是椭圆工具, ⬜ 是圆角矩形。多边形工具的用法是: 先拖曳一条线段, 然后在画面任意处单击, 画笔会自动将单击点连接起来; 直到回到第一个点单击, 就形成了一个封闭的多边形了。另外, 这四种工具都有三种模式, 就是线框 ⬛、线框填色 ⬛ 和只有填色 ⬛。⬚ ⬜ 是选择工具, 星型的是任意型选择: 按住鼠标左键拖曳, 然后松开鼠标, 最后一个点和起点会自动连接形成一个选择范围。选定图形后, 可以将图形移动到其他地方, 也可以按住 Ctrl 键拖曳, 将选择的区域复制一份移动到其他地方。✐ 是取色器, 它可以取出你单击点的颜色, 这样就可以画出与原图完全相同的颜色。🔍 是放大镜,在图像任意的地方单击，可以把该区域放大，再进行精细修改。

可见，画图工具虽然比较简单，但仍能够画出很漂亮的图像。

二、"录音机"工具

Windows 中的"录音机"工具可以录制、混合、播放和编辑声音文件（.WAV 文件），也可以将声音文件链接或插入到另一文档中。

使用"录音机"进行录音的操作如下：

步骤一：单击"开始"｜"更多程序"｜"附件"｜"娱乐"｜"录音机"菜单选项，启动"录音机"程序，给出"声音—录音机"窗口（如图8.3所示）。

图 8.3 "录音机"程序窗口

步骤二：单击"录音" ● 按钮，即可开始录音。最大录音长度为 60 秒。

步骤三：录制完毕后，单击"停止" ■ 按钮即可。

步骤四：单击"播放" ► 按钮，即可播放所录制的声音文件。

注意："录音机"通过麦克风和已安装的声卡来记录声音。所录制的声音以波形（.wav）文件保存。

三、"媒体播放器"工具

Windows 自带的 Windows Media Player 媒体播放工具可以播放计算机和来自 Internet 的多媒体文件（包括音频和视频文件）。

使用 Windows Media Player 的具体操作步骤是：单击"开始"｜"更多程序"｜"附件"｜"娱乐"｜"Windows Media Player"菜单选项，启动 Windows Media Player 程序，系统给出"Windows Media Player"窗口（如图8.4所示），按窗口提示操作即可。

图 8.4 "Windows Media Player"程序窗口

参考文献

［1］教育部高等学校文科计算机基础教学指导委员会. 大学计算机教学要求［M］. 北京：高等教育出版社，2011.

［2］贾华丁. 大学计算机基础［M］. 北京：高等教育出版社，2004.

［3］张艳珍. 大学计算机基础实践教程［M］. 北京：高等教育出版社，2004.

［4］贾华丁. Web 程序设计［M］. 北京：高等教育出版社，2005.

［5］李自力. Web 程序设计实践教程［M］. 北京：高等教育出版社，2005.

［6］网络教育全国统考专家研究组. 计算机应用基础［M］. 北京：中国华侨出版社，2005.

［7］吴爱妤. Excel 2007 数据处理与分析［M］. 北京：机械工业出版社，2009.

图书在版编目(CIP)数据

计算机应用基础/李自力主编. —2 版. —成都:西南财经大学
出版社,2012.8(2013.8 重印)

ISBN 978 - 7 - 5504 - 0670 - 4

Ⅰ.①计…　Ⅱ.①李…　Ⅲ.①电子计算机—基本知识
Ⅳ.①TP3

中国版本图书馆 CIP 数据核字(2012)第 134189 号

计算机应用基础(第二版)

主　编:李自力

责任编辑:李特军
封面设计:杨红鹰
责任印制:封俊川

出版发行	西南财经大学出版社(四川省成都市光华村街55号)
网　　址	http://www.bookcj.com
电子邮件	bookcj@foxmail.com
邮政编码	610074
电　　话	028 - 87353785　87352368
照　　排	四川胜翔数码印务设计有限公司
印　　刷	四川森林印务有限责任公司
成品尺寸	185mm×260mm
印　　张	16
字　　数	360 千字
版　　次	2012 年 8 月第 2 版
印　　次	2013 年 8 月第 3 次印刷
印　　数	9001— 13000 册
书　　号	ISBN 978 - 7 - 5504 - 0670 - 4
定　　价	29.80 元